Michaela Saal
Hunde helfen Diabetikern

Informationen und Erfahrungen zum Diabetikerwarnhund

AF671052

Michaela Saal

Hunde helfen Diabetikern

Informationen und Erfahrungen zum Diabetikerwarnhund

Re Di Roma-Verlag

Bibliografische Information der Deutschen Nationalbibliothek:
Die Deutsche Nationalbibliothek verzeichnet diese Publikation in der Deutschen Nationalbibliografie; detaillierte bibliografische Daten sind im Internet über http://dnb.ddb.de abrufbar.

www.hunde-helfen-diabetikern.de
info@hunde-helfen-diabetikern.de

ISBN 978-3-86870-187-6

Copyright (2010) Re Di Roma-Verlag

Alle Rechte beim Autor

www.rediroma-verlag.de
12,90 Euro (D)

Inhalt

Er ist Dein Freund,
Dein Partner, Dein Beschützer, Dein Hund.
Du bist sein Leben, seine Liebe, sein Anführer.
Er wird bei Dir bleiben, treu und ergeben,
bis zum letzten Schlag seines kleinen Herzens.
(Autor unbekannt)

Dieses Buch möchte ich meiner Tochter, die mich meist geduldig an meinem Manuskript schreiben ließ, meinen Eltern, die mir bei allem, was ich in meinem bisherigen Leben unternommen habe, unterstützend zur Seite standen, meinem Schutzengel Sheila und meinen verstorbenen Hunden Kessie, Lucy, Bizzley und Para widmen.

1. Vorwort

Nachdem mein bisheriges Leben durch die Gesellschaft von Hunden sowohl in Einzelhundhaltung als auch im Rudel stark geprägt worden ist, beschäftige ich mich nun schon seit Jahren auch in beruflicher Hinsicht intensiv mit dem Verhalten und der Gesundheit unserer geliebten Vierbeiner. So habe ich in England Ausbildungen im Bereich der Kynologie und des Spür- und Suchhundetrainings absolviert, um mein vorhandenes Wissen über diese wunderbaren Tiere zu vertiefen.
Dass ein Hund einem Menschen eine sehr wertvolle, sogar lebensrettende Unterstützung sein kann, hat mich meine mittlerweile 10 jährige Mischlingshündin Sheila in eindrucksvoller Weise gelehrt. Die durch sie gewonnenen Erkenntnisse haben in mir den Wunsch geweckt, dieses Buch zu verfassen. Im deutschsprachigen Raum ist es im Gegensatz zu unseren Nachbarländern Holland und England ein noch recht unbekanntes Unterfangen, Hunde im Zusammenleben mit Diabetikern besonders auszubilden.
Doch selbst im Ausland gibt es bis jetzt noch keine Lektüre über die Schulung eines Hundes zum Diabetikerwarnhund (DWH). Das Ihnen vorliegende Buch ist in leicht verständlicher Form geschrieben und soll dazu beitragen, sowohl dem interessierten Hundebesitzer als auch dem Hundetrainer wichtige Einblicke und Informationen zum Thema zu liefern.
In erster Linie gebe ich meine ganz persönlichen Erfahrungen in möglichst kurz gefassten Kapiteln wieder. Ich gehe bewusst nicht näher auf das notwendige Hintergrundwissen über Hunde im Allgemeinen und auf die unterschiedlichen Methoden der Grundausbildung eines Hundes im Speziellen ein, da hierzu bereits sehr gute Literatur verfügbar ist.

Um also in bestimmten Bereichen sein Wissen zu vertiefen, empfiehlt es sich daher, der im Anhang aufgelisteten Literatur nähere Beachtung zu schenken.

2. Der Hund – des Menschen bester Freund

So wird der Hund gemeinhin bezeichnet - er kann bester Freund, Wächter, Beschützer und Jagdgefährte des Menschen sein. Zwischen Hunden und Menschen hat sich im Laufe der Jahrtausende eine ganz besonders innige Beziehung entwickelt. Hunde sind domestizierte Wölfe, die sich an das Leben der Menschen angepasst haben und auf die unterschiedlichen Bedürfnisse des Menschen entsprechend „geformt“ wurden.
Der Hund ist das älteste europäische Haustier. Er ist seit Jahrtausenden ein nützlicher und treuer Begleiter des Menschen. Im Laufe der Geschichte hat der Hund vielfältige Aufgaben für den Menschen übernommen, woraus letztendlich die unzähligen verschiedenen Hunderassen resultieren. So werden Jagdhunde mit einem besonders gut entwickelten Spürsinn für die Jagd eingesetzt. Daneben gibt es Diensthunde, die beispielsweise der Polizei oder den Rettungseinsatzstaffeln nützliche Dienste bei ihrer täglichen Arbeit erweisen. Auch der Schäfer greift für seine Tätigkeit oftmals auf die Hilfe eines Hundes zurück. Die unterschiedlichen Fähigkeiten des Hundes lassen sich besonders auf die gut ausgeprägten Sinne wie dem Gehör und dem Spürsinn zurückführen. Daher ist der Hund in seiner domestizierten Form auf den verschiedensten Gebieten einsetzbar. Die speziellen Eigenschaften, die ein Hund mitbringt und die sich durch gezielte Ausbildung als denkbar hilfreiche Unterstützung im Alltag des Menschen eignen würden, verlieren heutzutage jedoch ein wenig an Beachtung.
Die meisten Menschen schaffen sich heute einen Hund an, weil sie einen treuen, vierbeinigen Begleiter suchen. Der Mensch freut sich, wenn er nach Hause kommt und schwanzwedelnd von seinem Hund begrüßt wird.

Für viele Menschen, die ansonsten über Bewegungsmangel klagen würden, ist ein Hund ein willkommener Anlass, sich im Freien aufzuhalten und zu bewegen.
Hunde können zweifelsohne das Leben eines Menschen auf vielfältige Art und Weise ungemein bereichern und auch ein Weg aus der sozialen Isolation bedeuten.
Die Beweggründe für die Anschaffung eines Hundes sind so unterschiedlich wie die Menschen selbst.

3. Hunde und ihr nicht bewiesener sechster Sinn

Wie der in England anerkannte Biologe Rupert Sheldrake schon seit Jahren berichtet, reagieren Hunde sehr empfindlich auf Schwingungen. So zeigen sie beispielsweise frühzeitige Reaktionen auf ein bevorstehendes Erdbeben, noch lange bevor der Mensch auch nur die geringste Erschütterung wahrnimmt. Es gibt eine Vielzahl von Hundehaltern, die an einen sechsten Sinn von Hunden glauben. Rupert Sheldrake hat in seinen zahlreichen Untersuchungen herausgefunden, dass z.B. viele Hunde spüren, dass man demnächst mit ihnen spazieren gehen möchte, obwohl man absolut noch keinerlei Anzeichen dafür gemacht hat. Auch wird von Hunden berichtet, die „wissen", wann ihr Mensch nach Hause kommen wird.

Er beschreibt Fälle, in denen Hunde einen vorausahnenden Ungehorsam entwickeln, um ihren Menschen vor einem Unglück oder Unfall zu bewahren.

Diese besondere Fähigkeit des vorausahnenden oder auch intelligenten Ungehorsams ist eine teilautonome Handlung des Hundes, die man sich bei der Ausbildung von Hunden zu Assistenzhunden zu Nutze macht. Der Hund löst selbstständig Probleme, indem er in einer Gefahrensituation die ihm erteilten Befehle missachtet und eigenständig handelt.

Mir fällt hierzu die Erzählung einer Frau aus dem Norden Englands ein. Mitten in einer schweren Ehekrise entschied sich die Frau dazu, ihrem Leben ein Ende zu setzen. Während ihr Hund, ein Springer Spaniel und ihre Katzen eines Tages entspannt vor dem Kamin im Wohnzimmer schliefen, ging die Frau in die Küche, um sich ein Glas Wasser und Tabletten zu holen, mit deren Hilfe sie sich das Leben nehmen wollte. Plötzlich stand ihr Hund auf und lief in die Küche, um sich vor sein Frauchen zu stellen. Der Hund stand nun dort und knurrte sie zähnefletschend in einer für sie extrem beängstigenden und bedrohlichen Weise an. In dieser Form hatte sich der Hund in den 15 Jahren seines bisherigen Lebens nicht ein einziges Mal benommen. Völlig entsetzt über das ungewöhnliche Verhalten ihres Hundes kehrte die Frau ins Wohnzimmer zurück und ließ sich entkräftet nieder. Ihr Springer Spaniel folgte ihr auf dem Fuß, sprang zu ihr auf das Sofa, leckte ihr stürmisch über das Gesicht und wedelte vor Freude und sicher auch Erleichterung, nicht mehr nur mit seinem Schwanz, sondern mit seinem gesamten Körper. Durch das ungewöhnliche Verhalten hat der Hund sein Frauchen letztendlich vor einer schrecklichen Kurzschlusshandlung erfolgreich bewahren können.

In seinem aus meiner Sicht sehr lesenswerten Buch „Dogs that know when their owners are coming home“ (dt.: „Hunde, die wissen, wann ihre Besitzer nach Hause kommen“), schildert R. Sheldrake eine Vielzahl von Erlebnissen, die Menschen im Zusammenleben mit Hunden und auch anderen Tieren erfahren haben. So wird in diesem Buch beispielsweise von Hunden berichtet, die in der Lage sind, die Gemütslage ihres Menschen genauestens wahrzunehmen und auf ihre Art darauf zu reagieren. Es werden Hunde erwähnt, die ihren Menschen trösten, wenn dieser traurig oder gar depressiv ist.

In diesem Zusammenhang erinnere ich mich gerne an ein Erlebnis aus meiner frühen Kindheit zurück. Meine Eltern und ich waren in Urlaub in Dänemark. Unsere dortige Gastwirtin nannte einen Pudel ihr Eigen, den ich sofort in mein Herz geschlossen hatte. Aus mir heute nicht mehr bekanntem Grund war ich eines Tages furchtbar traurig und saß weinend und schluchzend auf der Treppe, als Pelle, der Pudel, sich zu mir gesellte und sich ganz dicht an mich schmiegte. Er leckte mir die Tränen aus meinem Gesicht und spendete mir in dem Moment enormen Trost. Aus diesem für mich eindrucksvollen Erlebnis erwuchs in mir der innige Wunsch nach meinem ersten eigenen Hund.

Eine weitere, sehr bedeutungsvolle Begebenheit in Bezug auf die Verbundenheit zwischen Mensch und Hund selbst auf räumlicher Distanz, trug sich während meines langjährigen Aufenthalts in England mit meiner mittlerweile verstorbenen Mischlingshündin Lucy zu. Als ich für die durch meinen Diabetes als riskant eingestufte Geburt meiner Tochter ins Krankenhaus musste, bat ich meine damalige Nachbarin, meine Hunde spazieren zu führen. Als meine Nachbarin die Hunde zum ersten Mal am frühen Nachmittag für einen Spaziergang abholte, fand sie eine völlig verstörte und apathisch im Körbchen liegende Lucy vor. Sie konnte den Hund selbst durch gutes Zureden nicht dazu bewegen, ihr zu folgen.

Wie sich später herausstellte, lag ich genau zu diesem Zeitpunkt im Kreißsaal und die Ärzte bangten sowohl um das Leben meiner ungeborenen Tochter, als auch um mein eigenes, da sich die Geburt als extrem schwierig herausstellte und sich für alle Beteiligten als äußerst traumatisch erwies.

Schlussendlich hatten es die Ärzte glücklicherweise dann doch noch geschafft, meine Tochter gesund zur Welt zu bringen.

Doch zurück zu Lucy: meine Nachbarin holte also meine Hunde Stunden später für einen zweiten Spaziergang ab und fand zu ihrem eigenen Erstaunen eine Lucy vor, wie sie sie auch nur kannte; aufgeregt und in freudiger Erwartung auf den Spaziergang. Im Nachhinein fanden wir heraus, dass zu dem Zeitpunkt des zweiten Spaziergangs die schwere Geburt meiner Tochter bereits hinter mir lag.

Ich hatte von Anbeginn eine ganz besonders innige Beziehung zu meiner Hündin Lucy, doch dieses Erlebnis lieferte mir persönlich den Beweis für eine äußerst tiefe Verbundenheit - selbst in räumlicher Entfernung - zwischen meiner Hündin und mir.

Die Fähigkeit von Hunden, auf Menschen einen beruhigenden, tröstenden und heilenden Einfluss zu haben, kannten schon die alten Griechen. So glaubten sie, dass Hunde Krankheiten zu

heilen vermochten und bezogen sie sozusagen als „Co-Therapeuten“ regelmäßig in ihre Behandlungen mit ein.
Heutzutage werden immer mehr so genannte Therapiebegleithunde ausgebildet, die z.B. mit autistischen Kindern, psychisch Erkrankten oder alten Menschen in regelmäßigen Abständen zusammengeführt werden und nachweislich einen enorm positiven Einfluss auf den Verlauf der unterschiedlichsten Erkrankungen und Leiden der Menschen haben und ihnen Freundschaft und Zuneigung schenken.
Ob ein sechster Sinn in Hunden vorhanden ist oder nicht, feststeht jedoch, dass Hunde extrem scharfe Beobachter sind und demnach vieles früher spüren.
Und genau darauf lässt sich das Training eines Hundes zum Diabetikerwarnhund aufbauen.

Meine Hündinnen Lucy, Bizzley und Kessie

4. Der Geruchssinn unserer Hunde

Die von Natur aus gegebene, wichtigste Eigenschaft eines Diabetikerwarnhundes sind seine geruchsempfindliche Nase und ein ausgeprägter Spürtrieb.
Die Hundenase besteht aus dem Nasenspiegel, der zur Ortung von Gerüchen dient, dem Geruchsepithel, welches sich tief im Inneren der Nase befindet und aus den dort befindlichen Nervenzellen, die für das Riechen notwendig und verantwortlich sind. Der Geruchssinn des Hundes leistet unglaubliche Feinarbeit. Nicht nur, dass die Hundeschnauze deutlich größer ist als die menschliche Nase, das Riechzentrum unserer Hunde ist sogar rund 40-mal größer als das des Menschen. Auf der Riechschleimhaut des Hundes befinden sich ca. 220 Millionen Riechzellen, wobei es beim Menschen im Vergleich gerade einmal ca. 5 Millionen sind.
Der Nasenraum ist beim Hund sehr stark gefaltet und hat dementsprechend eine enorm große Oberfläche. In der gleichen Stärke ausgebreitet, käme die Riechschleimhaut des Hundes auf etwa sieben - die des Menschen gerade mal auf einen halben Quadratmeter. Im Aufspüren und Unterscheiden selbst von feinsten Duftspuren sind Hunde rund eine Million mal besser als wir Menschen.
Hunde haben in etwa 1000 verschiedene Arten von Geruchsrezeptoren. Forschungen zufolge ergeben sich jedoch in dieser Hinsicht keinerlei Unterschiede bezüglich der zahlreichen verschiedenen Hunderassen.
Der Hund nimmt unterschiedliche Duftmoleküle in erstaunlichem Umfang wahr, selbst wenn diese von anderen, eventuell stärkeren Gerüchen überlagert werden. Das Gehirn des Hundes empfängt die Informationen der Geruchszellen und speichert diese im Geruchsgedächtnis ab, wo sie zukünftig jederzeit abrufbar sind.

Rund 10% des Hundegehirns verarbeiten die unterschiedlichen Geruchsinformationen, während es sich beim menschlichen Gehirn lediglich um etwa 1% handelt.
Ohne Zweifel können Hunde demnach Geruchsmoleküle in selbst geringen Konzentrationen zuverlässig aufspüren. Die Nasenarbeit ist für den Hund eine sehr befriedigende Aufgabe und entspricht zudem den natürlichen Instinkten des Hundes.
Daher wird diese besondere Fähigkeit der Hunde unter anderem für die Ausbildung von Drogen-, Leichen- und Sprengstoffhunden erfolgreich genutzt. Auch von der hilfreichen und faszinierenden Fähigkeit des so genannten Schimmelpilz-Spürhundes wird in den Medien immer häufiger berichtet.
Nicht verwunderlich also, dass Hunde beim täglichen Spaziergang ihre Umwelt mit der Nase wahrnehmen - zu vergleichen, als lesen sie die Zeitung mit den wichtigsten Informationen des Tages. Man sollte somit seinen Hund nach Möglichkeit nicht gewaltsam wegziehen, wenn er gerade intensiv an einer Stelle schnüffelt, da er damit beschäftigt ist, wichtige Informationen aufzunehmen und diese zu verarbeiten.
Auch im sozialen Umgang ist die Nase das wichtigste Organ eines jeden Hundes. Neben den körperlichen Ausdrucksformen sind die olfaktorischen Wahrnehmungen in Bezug auf den Individualgeruch von bedeutender Wichtigkeit.
Es gibt mehrere Faktoren, die das Riechvermögen eines Hundes beeinflussen können. So bilden sowohl das Erbgut als auch die Instinkte eines Hundes die Grundlage für jegliche Riechleistung. Die Intelligenz eines Hundes, die den Hund dazu befähigt, die in die Nase eingedrungenen Geruchsmoleküle an das Gehirn weiterzuleiten, diese dort zu verarbeiten und abzuspeichern, spielt ebenfalls eine bedeutende Rolle bei der Bewertung des Riechvermögens eines Hundes. Durch regelmäßiges Training kann die Arbeitsfähigkeit des Gedächtnisses und des Unterscheidungsvermögens der Hundenase jedoch noch beträchtlich gesteigert werden.

Anne Lill Kvam berichtet in ihrem Buch „Spurensuche“ von einem ihrer Kursteilnehmer. Dieser erzählte, dass es im Nahen Osten bereits zwischen 4000 und 2000 Jahren vor unserer Zeitrechnung einen Heilungstempel mit Priestern, Diagnosehunden und Chirurgen gegeben haben soll. Dort wurde seinerzeit kein Eingriff vorgenommen, ohne dass die Hunde vorher die genaue Operationsstelle angezeigt hätten.

Heutzutage sind sich glücklicherweise mehr und mehr Mediziner einig, dass Hunde u. a. Hypoglykämien erschnüffeln können. Darüber hinaus gibt es aus den Jahren 1989 und 2001 Studien, die belegen, dass es Hunde gibt, die die Fähigkeit besitzen, Krebszellen zuverlässig aufzuspüren. In einer kleinen kalifornischen Klinik werden Hunde zur Diagnose von Krebs eingesetzt. An der Atemluft von Patienten können die Tiere erschnüffeln, ob eine Krebserkrankung vorliegt.

Die Klinik hat fünf Hunde trainieren lassen, drei Labrador Retriever und zwei portugiesische Wasserhunde, um Lungen- und Brustkrebs im Atem der Patienten und Patientinnen erschnüffeln zu lassen. Seit den Achtzigerjahren ist bekannt, dass Tumore winzige Mengen von Alkanen und Benzol-Derivate verströmen, die in gesundem Gewebe nicht vorkommen. Untersuchungen in England haben ergeben, dass Hunde sowohl Hautkrebs erschnüffeln, als auch Urinproben von Gesunden und an Blasenkrebs Erkrankten unterscheiden können.

Die Hunde aus Kaliforniern wurden mit Hilfe von Geruchsproben ausgebildet. Die Klinik sammelte in Plastikcontainern Atemproben von Patienten und Patientinnen, die mit Lungen- oder Brustkrebs diagnostiziert, jedoch noch nicht behandelt worden waren. Um die Situation für die Hunde zu erschweren, kamen noch Proben von Gesunden dazu. Den Hunden wurde beigebracht, sich zu setzen, sobald sie Krebszellen wahrgenommen hatten. Das treffsichere Detektieren der Hunde ergab letzten Endes eine erstaunliche Erfolgsquote von 99%.

Die Experten konnten an der vorliegenden Studie bislang keinerlei methodische Fehler entdecken. Die Idee, dass Hunde Tumore erschnüffeln, ist biologisch nachvollziehbar und sollte ein zukünftiges Ziel sein, um einerseits weltweit die Gesundheitssysteme zu entlasten - und andererseits auch in armen Ländern Krebs besser und früher diagnostizieren zu können.
1997 hat bereits ein Hautarzt aus Florida als Erster mit Hilfe von Operationsmaterial einen Hund gezielt darauf trainiert, Hautkrebs an seinen Patienten aufzuspüren.
Aus mir nicht erklärlichen Gründen sind uns die Engländer, Holländer und Amerikaner, auch was die Ausbildung all dieser so hilfreichen Hunde für den medizinischen Einsatz anbelangt, weit voraus. Möglicherweise lässt sich durch eine ausreichende, öffentliche Aufklärung auch hierzulande besondere Beachtung, Akzeptanz und letztlich auch Förderung solcher speziellen Hundeausbildungen erzielen.

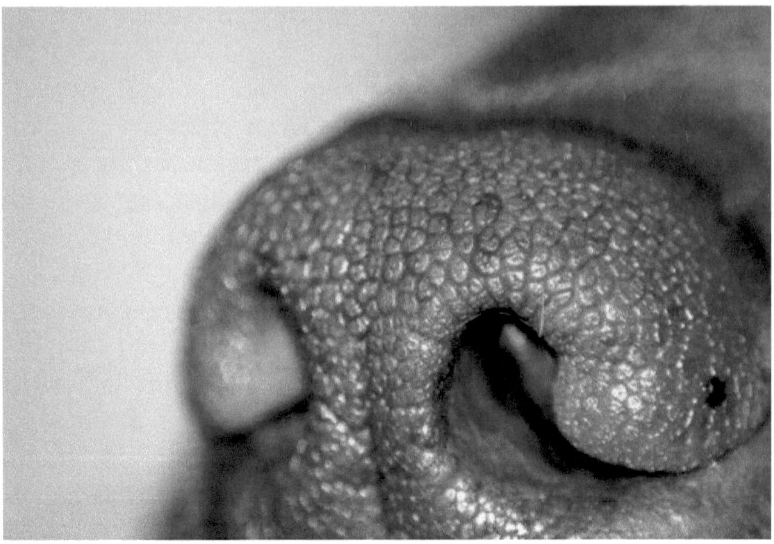

5. Hunde für den Einsatz in sozialen Bereichen

Hunde haben die wunderbare Eigenschaft, „ihren" behinderten Menschen völlig wertfrei und vorurteilsfrei zu respektieren. Sie kennen keine Ablehnung oder Missachtung, nur weil ihr Mensch motorisch oder organisch erkrankt ist. Diesen bedingungslosen Respekt kranken und/oder behinderten Menschen gegenüber sollten wir unbedingt von unseren Hunden übernehmen. Hierzulande, vor allem aber im Ausland, haben sich die Blindenführhunde (BFH) im Alltag blinder Menschen, sowie die so genannten Behindertenbegleithunde (BBH) für Menschen, die aufgrund einer motorischen Behinderung auf einen Rollstuhl angewiesen sind, etabliert.
Assistenzhunde, welche man zusammen mit Therapiehunden auch als Servicehunde bezeichnet, sind speziell ausgebildete Haushunde, die als Führ- und Begleithunde für Menschen mit körperlichen oder geistigen Einschränkungen eingesetzt werden. Neben den allseits bekannten Blindenführhunden gibt es auch noch die weniger bekannten Signalhunde, die gehörlosen Menschen helfen, ihren Alltag zu bewältigen. Relativ neu und unbekannt sind die Anfallswarnhunde, worunter die Epilepsiewarnhunde (EWH) und auch die Diabetikerwarnhunde (DWH) fallen. Der Behindertenbegleithund kann Menschen, die durch eine Körperbehinderung in ihrer Bewegungsfreiheit eingeschränkt sind, Handgriffe abnehmen und sie somit unabhängiger von anderen Personen machen. Er kann so z.B. Gegenstände aufheben und bringen, Lichtschalter betätigen, Türen und Schubladen öffnen und schließen, beim Ausziehen von Kleidung helfen, Hilfe holen, sowie beim Einkaufen Unterstützung leisten. Ein Assistenzhund bedeutet für den Besitzer eine enorme Steigerung seiner Unabhängigkeit und Sicherheit und trägt somit erheblich zur Verbesserung der Lebensqualität des Menschen bei. Solche Hunde vermögen Bar-

rieren zwischen Nicht-Behinderten und Behinderten abzubauen und verstärken dadurch automatisch den sozialen Kontakt und die gesellschaftliche Integration ihrer behinderten Besitzer. Es gibt Assistenzhunde sowohl für Erwachsene als auch für Kinder. Die Ausbildung dauert in der Regel zwischen 9 Monaten und 2 Jahren, je nach Hund und Aufgabe. Für Assistenzhunde gelten in bestimmten Bereichen besondere rechtliche Bestimmungen. In vielen Gemeinden sind Besitzer von Assistenzhunden nach einem entsprechenden Nachweis von der Zahlung der Hundesteuer freigestellt.

Sowohl die Epilepsiewarnhunde als auch die Diabetikerwarnhunde funktionieren wie ein Frühwarn-System: Epilepsiewarnhunde spüren frühzeitig, dass ihr Mensch kurz vor einem Anfall steht. Der menschliche Körper sendet vor einem Epilepsie-Anfall veränderte Botenstoffe über den Körperschweiß aus, die ein speziell darauf trainierter Hund über seine außerordentliche olfaktorische Fähigkeit wahrnehmen kann. Das Training eines Epilepsiewarnhundes dauert zwischen sechs und neun Monaten. Ein Epilepsiewarnhund kommt häufig bereits als Welpe zu „seinem“ Epileptiker, wenn er darauf trainiert werden soll, Anfälle vorherzusagen. So kann relativ schnell festgestellt werden, ob der Hund verlässliche Vorhersage-Fähigkeiten in sich trägt. Ist dies der Fall, können dem Hund im weiteren Verlauf zusätzliche Hilfsmaßnahmen beigebracht werden. So trainiert man diese Hunde gerne darauf, seinem Besitzer in unterschiedlicher Art während eines epileptischen Anfalls zu helfen oder sogar fremde Hilfe zu holen. Die Epilepsie zeichnet sich, vereinfacht gesagt, durch eine erhöhte Aktivität der Nervenzellen aus. Wenn sich mehrere Nervenzellen gleichzeitig entladen, kommt es zu unkontrollierbaren Bewegungen. Faktoren wie beispielsweise Stress, Alkohol, flackernde Lichtquellen oder auch falsche Ernährung, können allesamt Auslöser für einen epileptischen Anfall sein.

Studien zufolge können rund 15% der Hunde, die mit einem Epileptiker zusammenleben, dessen Anfälle „voraussagen“, ohne jemals bewusst darauf trainiert worden zu sein. Erstaunlicherweise waren 80 % der Hunde mit dieser Fähigkeit weiblich und gehörten in der Regel zu den größeren Hunderassen (Schäferhund, Labrador, Golden Retriever). Es wird von Hunden berichtet, die einen Anfall wenige Minuten im Voraus anzeigen. Daneben gibt es aber auch Hunde, die bereits Stunden vor einem auftretenden Anfall verändertes Verhalten zeigen. Oft gezeigte Verhaltensweisen der Hunde, die ihren Menschen vor einem epileptischen Anfall warnen, sind häufiges Lecken des Gesichts des Epileptikers oder Winseln. Aber auch in diesem Zusammenhang wird erstaunlich häufig von dem schon erwähnten vorausahnenden Ungehorsam der Hunde berichtet. So gibt es Hunde, die „ihren" Epileptiker vor Verletzungen bewahren, indem sie ihn zum Beispiel vor einem Anfall daran hindern, eine Treppe hinab zu steigen oder ihn dazu bringen, sich hinzusetzen oder hinzulegen.

5.1 Der Diabetikerwarnhund

Im British Medical Journal aus dem Jahre 2000 wurde bereits eine Studie veröffentlicht, in welcher die Forscher der Universität Liverpool beschreiben, dass ca. ein Drittel aller Hunde, die mit Diabetikern zusammenleben, bei Unterzuckerungen ihres Menschen frühzeitige Änderungen im Verhalten zeigen.
Aus einer aktuellen Studie, welche erst Endes des vergangenen Jahres an der Queens Universität in Belfast durchgeführt wurde, lässt sich ersehen, dass von insgesamt 212 insulinabhängigen Typ1 Diabetikern, die mit Hunden zusammenleben, 65% von diesen Hunden Hypoglykämien wahrnehmen und entsprechend darauf reagieren. Die für Hunde typischen Reaktionen auf eine Unterzuckerung seines Menschen sind z.B. Bellen, Anstupsen, Lecken in Mundnähe oder Winseln.
Durch seinen natürlichen Instinkt verfügt der Hund über ein intuitives Frühwarnsystem für gefährliche Situationen. Innerhalb einer Ausbildung zum Diabetikerwarnhund oder allgemein zum Assistenzhund wird dieses Frühwarnsystem mit einer auszuführenden Handlung verbunden.
Ist man als Diabetiker im Besitz eines Hundes, der verändertes Verhalten bei Unterzuckerungen bereits von sich aus zeigt, so hat man ein optimales Fundament, auf welchem sich weiterführendes Training des Hundes aufbauen lässt.
Man nimmt an, dass der Hund an dem fast unmerklichen Muskelzittern des Diabetikers während einer Unterzuckerung oder aber aufgrund der Geruchsveränderung (Schweiß) eine solche Unterzuckerung bereits frühzeitig wahrnehmen kann.
Nach der Studie stand für die Forscher in England definitiv fest, dass Hunde tatsächlich die Fähigkeit besitzen, Unterzuckerungen wahrzunehmen, noch bevor der Diabetiker selbst die Symptome bemerkt. Denn während einer Hypoglykämie finden chemische Prozesse im Körper eines Diabetikers statt,

die der Hund im Atem und Schweiß des Diabetikers mit Hilfe seines hervorragenden Spürsinns wahrzunehmen vermag.
Es ist keine Seltenheit, dass der Diabetiker die Warnsignale des Körpers nicht richtig einzuschätzen weiß, oder der Körper nach länger bestehendem Diabetes eine so genannte Hypoglykämiewahrnehmungsstörung entwickelt hat; hierbei kann die Hilfe eines solchen Hundes oft lebensrettend sein.
Aber auch aus anderer Sicht können Hunde für Diabetiker sehr nützlich sein, da das Zusammenleben mit einem Hund langfristig den Blutdruck senken kann. Ein Hund muss mehrmals täglich ausgeführt werden, was mit der besonders für Diabetiker empfohlenen körperlichen Bewegung verbunden werden kann.
Man denke hierbei insbesondere an allein lebende Diabetiker, die im Falle einer nächtlichen Bewusstlosigkeit infolge einer Hypoglykämie, in arge Not geraten können. Oder aber an die Eltern von diabetischen Kindern, die nachts nicht mehr ausreichend Schlaf bekommen, da sie zum Teil mehrmals in der Nacht den Blutzucker ihres Kindes überprüfen, aus Angst vor einer nächtlichen Unterzuckerung. Nicht zu vergessen sei natürlich der enge soziale Kontakt und die Bindung zum Hund, der durch seine Fähigkeiten ein deutlich gesteigertes Lebensgefühl und erhöhte Sicherheit für den Diabetiker bzw. den Eltern diabetischer Kinder in Bezug auf Hypo-Angst und/oder Hypoglykämiewahrnehmungsstörungen vermittelt.

5.2 Für wen eignet sich ein Diabetikerwarnhund?

Ich möchte behaupten, ein Hund kann grundsätzlich für jeden Menschen - egal ob für den Gesunden, den Diabetiker, den Epileptiker, den Gehörlosen, den Blinden oder den Rollstuhlfahrer - eine große Bereicherung im Leben sein.
Es ist sehr wertvoll, sich gegenseitig mit Liebe, Achtung und Respekt zu begegnen und gemeinsam eine Zeit des Lebens miteinander zu verbringen.
Diabetikerwarnhunde eignen sich in erster Linie für die Diabetiker, die an Diabetes Typ1 erkrankt, also insulinabhängig, und dadurch bedingt häufiger der Gefahr von Hypoglykämien ausgesetzt sind. Typ1 Diabetiker entwickeln im Laufe ihrer Erkrankung in aller Regel früher oder später eine Hypoglykämiewahrnehmungsstörung, die oft lebensbedrohende Ausmaße annehmen kann. Lebt der Diabetiker zudem noch alleine, kann eine Unterzuckerung, wenn sie nicht wahrgenommen wird, letztendlich tödlich enden. In solch einem Fall kann ein Diabetikerwarnhund tatsächlich ein Lebensretter auf vier Pfoten sein und der Diabetiker dementsprechend enorm viel an Sicherheit in seinem Alltag zurückerlangen.
Für Kinder, die an Diabetes erkranken, ist ein Diabetikerwarnhund gleich in mehreren Richtungen eine große Bereicherung. Durch einen Hund können Kinder lernen, Verantwortung für ein Lebewesen zu übernehmen. Außerdem ist das Auftreten der Erkrankung nicht selten ein recht traumatisches Erlebnis für ein Kind und ein Hund kann in dieser Situation als Seelentröster über diesen einschneidenden Lebensabschnitt hinweghelfen. Er kann für das Kind ein wichtiger Sozialpartner werden und es aus einer möglichen, anfänglichen Isolation wieder herausführen.

Auch den Eltern eines diabetischen Kindes kann der Diabetikerwarnhund eine große Unterstützung sein. Viele Eltern können aus Angst vor nächtlichen Unterzuckerungen des Kindes kaum noch eine Nacht durchschlafen. Sie stehen aus Angst vor nächtlichen Gefahren oftmals mehrfach auf, um den Blutzucker des Kindes zu überprüfen. Ein Diabetikerwarnhund würde, bei entgegengebrachtem Vertrauen in seine Fähigkeiten, Unterzuckerungen frühzeitig wahrzunehmen, auch hier zu mehr Sicherheit und Entspanntheit im Alltag der Eltern verhelfen.

5.3 Eigenschaften eines Diabetikerwarnhundes

Zu Beginn dieses Kapitels sollen zunächst die gelegentlich aufkommenden Kritikpunkte im Zusammenhang mit Assistenzhunden entschärft werden. So wird z.B. hin und wieder behauptet, Hunde mit „Job“ würden als Dienstleister des Menschen ausgebeutet. Eine solche Ausbildung macht sich jedoch lediglich die tierischen Instinkte eines Hundes zu Nutze und geht zudem in aller Regel mit einem hohen Spaßfaktor für den Hund einher. Darüber hinaus ist ein speziell ausgebildeter Hund klar im Vorteil gegenüber seinen Artgenossen ohne „Job“, nicht an Langeweile zu leiden und fast rund um die Uhr mit „seinem“ Menschen zusammen sein zu dürfen. Bei aller Begeisterung für die faszinierenden Fähigkeiten unserer Hunde darf natürlich nicht vergessen werden, dass der Hund ein Tier und kein Computer oder Roboter ist. Demzufolge ist es selbst nach erfolgtem Training nicht möglich, eine 100%ige Garantie für das Anzeigen jeglicher Hypoglykämien zu geben. Die Frage nach dem geeigneten Alter eines Hundes, der für das Training zum DWH favorisiert wird, lässt sich nicht ohne weiteres beantworten. Entscheidet man sich zu Gunsten eines Welpen, so hat man sicherlich den Vorteil, die für einen persönlich notwendigen Anforderungen an den Hund von Anbeginn mit dem Welpen trainieren zu können. Viele Servicehundetrainer nehmen Hunde nur bis zu einem bestimmten Alter in ihr Trainingsprogramm auf, doch aus meiner Erfahrung heraus möchte ich behaupten, dass auch ältere Hunde sowohl noch lernfähig sind, als auch durchaus Freude am Training zeigen. Für die Ausbildung zum BBH ist es gewiss von Nöten, ausschließlich körperlich gesunde Hunde auszubilden, da diese Hunde z.B. in der Lage sein müssen, Türen zu öffnen, den Einkauf in Packtaschen zu tragen oder Ähnliches.

Hierfür ist eine tierärztliche Voruntersuchung, insbesondere des Rückens und der Hüften von großer Bedeutung, um die sehr kostspielige Ausbildung eines Hundes zum BBH und die daraus resultierende enge Zusammenarbeit mit dem behinderten Menschen auf Jahre hin gewährleisten zu können. Etwaige Wesensänderungen aufgrund chronischer Schmerzen sind keine Seltenheit, wenn man die unterschiedlichen Rücken- und Gelenksprobleme, die auch unsere Hunde erleiden können, in Betracht zieht.

Für die Ausbildung zum Diabetikerwarnhund treten die körperlichen Anforderungen eines Hundes jedoch in den Hintergrund; für diese Art von Ausbildung ist neben einer sehr engen Bindung zum Diabetiker, eine ausgezeichnete Riechleistung des Hundes zwingend notwendig. Aus diesem Grund distanziere ich mich davon, einen Kandidaten, der zwar alle wichtigen Voraussetzungen für das Training zum DWH in sich trägt, alleine aufgrund seines Alters und/oder gesundheitlichen Einschränkungen letzten Endes nicht auszubilden.

Grundsätzlich unterscheidet sich ein Diabetikerwarnhund nicht wesentlich von seinen Artgenossen ohne spezielle Aufgabe. Er sollte, genau wie jeder andere Hund auch, gut sozialisiert sein. Zudem sollte er menschenfreundlich sein und in ihm sollte der Wille zu gefallen, innewohnen. Auch ein ausgeprägter Spieltrieb ist von großem Vorteil. Eine weitere wichtige Eigenschaft ist, auf fremde Personen und Gegebenheiten mit Gelassenheit zu reagieren. Demnach sollte ein Diabetikerwarnhund keinen Beschützerinstinkt haben. Falls nämlich der Diabetiker in der Öffentlichkeit in eine nicht wahrgenommene Unterzuckerung geraten sollte, die nicht selten mit auffälligem und ungewöhnlichem Verhalten einhergeht, oder für den Fall, dass ein Diabetiker, bedingt durch eine Unterzuckerung, bewusstlos werden sollte, wird fremde Hilfe notwendig und der Hund muss in einer solchen Situation natürlich anstandslos die Helfer an „seinen“ Menschen lassen.

Das jedoch wirklich entscheidende Kriterium dafür, wie verlässlich der Hund seine Aufgabe schlussendlich übernehmen wird, stellt eine starke Bindung zu „seinem" Menschen dar. Was man unter Bindung versteht und wie diese gefestigt bzw. verbessert werden kann, wird im Kapitel „Bindung" näher erläutert.

5.4 Welche Hunde eignen sich besonders als Diabetikerwarnhunde?

Die Hunderasse ist letzten Endes nicht ganz so entscheidend bei der Suche nach einem geeigneten Hund. Es gibt jedoch einige Kriterien, die bestimmte Hunderassen mehr als andere für die Schulung zum Diabetikerwarnhund in Erwägung ziehen. Labrador Retriever, Golden Retriever, Collies, Pudel, Schäferhunde, Hovawarts, Dalmatiner und Viszlas könnte man bei der Suche nach einem geeigneten Hund möglicherweise favorisieren. Diesbezüglich haben die Engländer herausgefunden, dass sich gerade die Kreuzung zwischen Labrador und Golden Retriever immer wieder als sehr lernwillig und arbeitsfreudig erweist. Der Labrador und der Golden Retriever sind beide sehr intelligente, freundliche und freudig arbeitende, aufmerksame, gutmütige und apportierfreudige Hunderassen.

Ein Hovawart zählt zu den intelligenten, sehr sensiblen, lernbegierigen und äußerst anhänglichen Hunden. Der Schäferhund wird als ausgeglichen, nervenfest, selbstsicher, gutartig, führig, sehr intelligent, arbeitsbereit und ruhig beschrieben.

Der Pudel ist ebenfalls sehr apportierfreudig, grundsätzlich freundlich, überdurchschnittlich lernfähig, er besitzt den ausgeprägten Willen, zu gefallen, ist recht robust, was die Krankheitsanfälligkeit betrifft und wird demnach erfolgreich als Blinden- und Leichenspürhund ausgebildet.

Der Viszla zählt zu den etwas unbekannteren Hunderassen. Er apportiert gerne, ist ausdauernd, lernwillig, menschenfreundlich, sensibel und anhänglich. Ein Dalmatiner gilt allgemein als freundlich, anpassungsfähig, überaus sensibel, sehr verschmust, liebebedürftig und anhänglich.

Es gibt viele unterschiedliche Collie-Arten. So gibt es den Langhaar- und den Kurzhaar-Collie, den Bearded Collie und natürlich den Border Collie, um hier nur einige Hunderassen zu nennen. Collies gelten generell als überdurchschnittlich intelligente, fröhliche und freundliche Hunde. Gerade die Kurz- und Langhaar-Collies sind als Familienhunde sehr beliebt, da sie von ihrem Wesen her weder nervös noch aggressiv sind. Neuesten Forschungen nach gilt der Collie knapp besiegt vom Border Collie als klügster Hund. Der Collie wurde einst als erster Hund im Kriegs- und Sanitätsdienst eingesetzt.

Meiner Erfahrung nach eignen sich in der Regel jedoch auch die Mischlinge, und sicherlich nicht nur die aus den oben genannten Rassen, sehr gut als Diabetikerwarnhund. Mischlinge gelten als widerstandsfähig und bringen in aller Regel eine ganze Reihe positiver Eigenschaften mit. Sie sind meist unproblematisch, anpassungsfähig, lernfähig und robust. Bei Kreuzungen aus verschiedenen Rassen, zwischen Rassen und Mischlingen oder auch bei Kreuzungen von Mischlingen untereinander, kommt immer wieder neuartiges Genmaterial zustande, was man auch als Kreuzungsvitalität bezeichnet.

Aus diesem Grund ist es sicherlich lohnenswert, zunächst bei den örtlichen Tierschutz-Vereinen vorstellig zu werden, sollte man den Wunsch nach einem Hund für sich konkretisiert haben. Selbst wenn man einen Welpen möchte, so wird man im Tierschutz häufig fündig. Nicht selten sind Hunde, die aus dem Tierschutz kommen, extrem dankbare Tiere, die den ausgeprägten Wunsch in sich tragen, ihrem neuen Menschen einfach nur gefallen zu wollen.

Es empfiehlt sich, den geeigneten Hund sorgfältig auszusuchen, keine Entscheidung voreilig zu treffen und die eigenen Bedürfnisse mit den Mitarbeitern der Tierschutzorganisation zu besprechen, um eventuell wichtige Hinweise bezüglich der Charaktereigenschaften des jeweiligen Hundes zu erhalten. Sicherlich sollten daraufhin nach Absprache die verschiedenen Tests mit dem favorisierten Hund durchgeführt werden, um dann seine Entscheidung für oder gegen den Hund treffen zu können.

Bei der Suche nach einem geeigneten Hund sollte man verständlicherweise nicht gerade einen Hund ins Auge fassen, der alleine schon aufgrund seiner Wesensart zu den eher unabhängigen Vertreten gehört. Ein nicht zu unterschätzender Faktor bei der Wahl eines Hundes sollte meines Erachtens das eigene Bauchgefühl sein. Stellt sich beispielsweise beim Kennen lernen intuitiv ein Gefühl der Zusammengehörigkeit ein, so sollte dies als wichtiger Hinweis in die Entscheidung mit einbezogen werden.

Abschließend mag sich für den Einen oder Anderen noch die Frage stellen, ob sich Rüde oder Hündin gleichermaßen für die Schulung zum Diabetikerwarnhund eignet. Hierzu wurden vor Jahren Untersuchungen in England durchgeführt.
Verallgemeinert ließ sich feststellen, dass Hündinnen generell eine Übung schneller verstanden hatten, diese schneller umzusetzen in der Lage waren und letztendlich weniger Wiederholungen benötigten, um die Übungen stabil ausführen zu können.

Rüden hingegen brauchten mehrere Wiederholungen, um eine Übung vollständig zu verinnerlichen, zeigten die erlernte Übung letzten Endes jedoch verlässlicher und stabiler.
Während der Untersuchungen in England wurde festgestellt, dass eine vertrauensvolle und besonders intensive Bindung im Mensch-Hund-Team die Grundvoraussetzung sowohl für das schnelle Erlernen als auch für das zuverlässige Ausführen von Übungen ist.

5.5 Eignungstest für erwachsene Hunde zum DWH

Nachfolgend wird eine mögliche Variante eines Eignungstests beschrieben, mit welchem überprüft werden kann, inwieweit sich ein ausgewachsener Hund als Diabetikerwarnhund (DWH) eignen würde. Sollte ein bereits vorhandener Hund von sich aus Verhaltensänderungen vor oder während einer Unterzuckerung seines Menschen zeigen, so stellt dies die beste Basis dar, worauf dann das Training weiterführend aufgebaut werden kann. Sowohl der Eignungstest eines Welpen als auch das Testverfahren für einen bereits ausgewachsenen Hund können niemals eine Garantie dafür sein, dass der Hund, der zwar den Test erfolgreich bestanden hat, seine Aufgabe nach erfolgtem Training auch verlässlich ausüben wird. Die Tests geben lediglich Auskunft darüber, ob der Hund die Grundvoraussetzungen für die Aufgaben eines Diabetikerwarnhundes mitbringt und können somit durchaus eine Hilfe bei der Auswahl eines neuen Hundes sein.

Toleranztest: Hier wäre es denkbar, wenn eine dem Hund unbekannte Person ihn an mehreren Stellen seines Körpers berührt, so z.B. auch am Rutenansatz. Sollte der Hund nach hinten schnappen oder aber ängstliches Verhalten zeigen, so sind diese Reaktionen grundsätzlich nicht erwünscht. Idealerweise sollte der Hund völlig gelassen reagieren.

Dominanztest: Hierfür kniet man sich neben den Hund und legt einen Arm um seine Schultern. Dominante Hunde empfinden schon alleine diese Geste als provozierend. Im weiteren Verlauf versucht man, den Hund auf den Boden hinunter zu drücken. Es ist lediglich erlaubt, dem Hund währenddessen gut zuzureden, Kommandos wie z.B. „Platz“ sollten jedoch unterlassen werden.

Sollte der Hund daraufhin knurren, seine Zähne fletschen oder gar schnappen, so sind dies keine erwünschten Reaktionen. Positiv zu bewerten wäre es, wenn der Hund weiterhin freundlich und gelassen bleibt.

Arbeitswille: Man kann diesen Testabschnitt damit beginnen, mit dem Hund ein Stück an der Leine zu gehen. Schaut der Hund interessiert, erwartungsvoll und neugierig zum Menschen, so ist dies als positiv zu bewerten. Im weiteren Verlauf des Testabschnittes versucht man den Hund zu animieren, beispielsweise einen Ball aufzunehmen und diesen im Idealfall zum Menschen zurückzubringen.

Testung der Neugierde/Intelligenz des Hundes: Hierbei soll der Hund auf unerwartete Geräusche, beispielsweise einen Knall oder etwas laut Scheppерndes, weder aggressives noch ängstliches und/oder verstörtes Verhalten zeigen. Ebenso sollte der Hund keine unerwünschten Verhaltensmuster zeigen, wenn sich ihm eine unbekannte Person mit ungewohnter Kleidung (beispielsweise mit einem großen Hut oder besser noch mit einem Motorradhelm) nähert. Man kann hierfür auch, für den Hund unerwartet, einen Regenschirm plötzlich in seiner Nähe aufspannen. Erschrickt der Hund übermäßig, bellt er oder wird wütend, so sind dies unerwünschte Reaktionen auf diesen Test. Der Hund sollte bestenfalls großes Interesse an dem Objekt (Regenschirm) zeigen und neugierig darauf zugehen. Im nächsten Schritt bindet man ein Taschentuch oder ein Stück Stoff an eine Kordel und lässt dieses Tuch vor der Schnauze des Hundes hin- und herhüpfen. Positive Reaktionen von Seiten des Hundes wären Neugierde und der Wille, dem Stück Stoff z. B. nachzulaufen.

Testung der olfaktorischen Orientierung des Hundes: Um herauszufinden, ob der Hund olfaktorisch orientiert ist, führt man einen Suchtest durch. Geeignet hierfür wäre beispielsweise eine eingezäunte Wiese. Der Hund steht angeleint neben dem Menschen, der, für den Hund sichtbar, ein Leckerchen ein bis zwei Meter weit wirft. Im Folgenden wird der Hund abgeleint und darf den Leckerbissen suchen. Der Hund sollte nach Möglichkeit sehr daran interessiert sein, das Leckerchen zu finden und hierbei seine Nase intensiv in Gebrauch nehmen. Die Testung der olfaktorischen Orientierung eines Hundes lässt sich natürlich variieren und auch vom Schwierigkeitsgrad steigern.

Es wäre auch denkbar, die Riechleistung eines Hundes sowie den Willen, diese auch intensiv einzusetzen, in der Weise zu testen, dass man ein stark riechendes Leckerchen beispielsweise in einem ausrangierten Strumpf versteckt. Diese „bestückte" Socke mischt man im weiteren Verlauf unter einige andere Strümpfe oder Stoffreste. Der Hund sollte mit Hilfe seiner Nase den mit dem Leckerbissen gefüllten Strumpf unter den anderen auffinden und nicht zu schnell das Interesse an dieser Testeinheit verlieren.

5.6 Der Campbell -Test zur Welpenauswahl

Sollte die Wahl zugunsten der Anschaffung eines Welpen ausfallen, so sollte der zukünftige Hundebesitzer einen Züchter seines Vertrauens wählen oder aber die örtlichen Tierschutzvereine nach eventuell vorhandenen Welpen fragen. In jedem Fall sollte man sich auch das Muttertier zeigen lassen. Gefällt einem die Mutter der Welpen aufgrund ihrer Wesensart nicht und/oder zeigt diese auffälliges Verhalten ihren Welpen oder den anwesenden Menschen gegenüber, so sollte man sich nicht von dem unwiderstehlichen Anblick der Welpen zu einem voreiligen Kauf verleiten lassen. Möglicherweise auftretende Verhaltensstörungen des Welpen hat der Hundebesitzer im späteren Verlauf zu bewältigen, welche sich letzten Endes auch als störend bzw. hinderlich bei der Ausbildung zum Diabetikerwarnhund erweisen könnten.

Eine mögliche Maßnahme, die Persönlichkeitsstruktur des Welpen erkennen zu lassen, stellt der Campbell-Test dar, der aus insgesamt neun Segmenten besteht. Der Campbell-Test wurde von William E. Campbell entwickelt und in seinem Buch "Behavior Problems in Dogs" dargestellt. Es muss jedoch klar herausgestellt werden, dass auch dieser Test nur eine Möglichkeit darstellt, die Persönlichkeit eines Welpen in etwa eruieren zu können. Er kann Ihnen Aufschluss darüber geben, mit welchen Problemen Sie später eventuell rechnen müssen. In der siebten Woche liegt im Welpenrudel eine Rangordnung vor. Der Test sollte um die siebte Lebenswoche durchgeführt werden. Er findet auf einem dem Welpen unbekannten Gelände statt, welches ihn jedoch nicht ablenken sollte. Auch darf der Welpe nicht durch die Testumstände beunruhigt werden.

1.) Anziehungs- oder Attraktionstest

Setzen Sie den Welpen vorsichtig auf die Erde und entfernen Sie sich ein paar Meter. Klatschen Sie leicht in die Hände und beobachten Sie das Verhalten des Welpen.

a) Er kommt sofort angelaufen, die Rute ist hochgestellt, er springt an Ihnen hoch und knabbert an Ihren Händen
b) Er kommt sofort angelaufen, die Rute ist hochgestellt und er kratzt eventuell mit seinen Pfoten an Ihren Händen
c) Er kommt sofort angelaufen und wedelt dabei mit der Rute
d) Er kommt mit hängender Rute angelaufen
e) Er kommt nur zögerlich und lässt dabei die Rute hängen
f) Er kommt gar nicht

2.) Test zur Prüfung der Fähigkeit, zu folgen

(Wird jeweils mit einem einzelnen Welpen und ohne den Gebrauch der Stimme durchgeführt)

Erheben Sie sich und bewegen sich langsam im Gesichtsfeld des Welpen.

a) Er folgt Ihnen sofort mit erhobener Rute und zwickt Sie dabei vielleicht in die Beine
b) Er folgt Ihnen ohne zu zögern mit erhobener Rute, versucht nicht, Sie zu beißen
c) Er folgt Ihnen mit erhobener Rute
d) Er folgt Ihnen, lässt dabei die Rute hängen
e) Er folgt Ihnen nur zögerlich
f) Er folgt Ihnen nicht, sondern entfernt sich

3.) Unterwerfungstest
(Muss von einer dem Welpen unbekannten Person durchgeführt werden)
Drehen Sie den Welpen sachte auf den Rücken, legen Sie ihm Ihre Hand auf die Brust und halten Sie ihn 30 Sekunden lang so fest.
a) Er wehrt sich heftig und beißt
b) Er wehrt sich heftig, jedoch ohne den Versuch, zu beißen
c) Er wehrt sich, beruhigt sich schließlich, sucht häufigen Augenkontakt zum Tester
d) Er wehrt sich, beruhigt sich jedoch schnell wieder
e) Er wehrt sich nicht und leckt die Hände des Testers ab
f) Er wehrt sich gar nicht und vermeidet den Augenkontakt zum Tester

4.) Test zur Prüfung der Dominanzakzeptanz
(Muss von einer dem Welpen unbekannten Person durchgeführt werden). Positionieren Sie den Welpen in Sphinx-Haltung, streicheln Sie ihn und üben Sie dabei leichten Druck auf Kopf und Rücken aus.
a) Er wehrt sich mit der Pfote, dreht sich knurrend um und beißt
b) Er wehrt sich, dreht sich um, jedoch ohne den Versuch, zu beißen
c) Er krabbelt zum Tester und versucht, sein Gesicht abzulecken

d) Er beruhigt sich schnell und leckt die Hände des Testers ab
e) Er dreht sich auf den Rücken und leckt die Hände ab
f) Er entfernt sich

5.) Vertrauen

(Muss von einer dem Welpen unbekannten Person durchgeführt werden). Heben Sie den Welpen vorne an, wobei Sie ihn mit beiden Händen unter dem Brustkorb fassen und halten Sie ihn 30 Sekunden lang aufrecht fest.
a) Er wehrt sich heftig, knurrt und beißt
b) Er wehrt sich heftig
c) Er wehrt sich nicht übermäßig, sondern beruhigt sich schnell wieder
d) Er wehrt sich kaum und versucht zu lecken
e) Er wehrt sich nicht und leckt die Hände des Testers ab
f) Er wehrt sich gar nicht, wirkt wie erstarrt

6.) Apportieren

(hiermit lässt sich der Wille des Welpen nach Zusammenarbeit mit dem Menschen herausfinden)
Knien Sie sich neben den Welpen und versuchen Sie, seine Aufmerksamkeit zu erhalten, indem Sie ein Papier zu einem Ball zusammenknüllen. Ist der Welpe interessiert, werfen Sie den Papierball ca. 1,5 m entfernt vom Welpen weg.
a) Er jagt den Ball, hebt ihn auf und läuft weg
b) Er jagt den Ball, stellt sich darüber, kommt nicht zurück
c) Er jagt den Ball und bringt ihn zum Tester zurück
d) Er jagt den Ball und kommt ohne den Ball zum Tester zurück
e) Er beginnt zunächst, den Ball zu jagen, verliert dann aber das Interesse daran
f) Er jagt den Ball gar nicht, zeigt keinerlei Interesse

7.) Sensibilität auf Geräusche

Setzen Sie den Welpen in die Mitte des Raumes und machen Sie ein durchdringendes Geräusch in einiger Entfernung des Welpen (z.B. mit einem Metalllöffel gegen eine Metallpfanne schlagen). Dieser Test eignet sich auch sehr gut, um eine mögliche Taubheit des Hundes auszuschließen.

a) Er horcht auf, lokalisiert das Geräusch und läuft bellend zum Objekt
b) Er horcht auf, lokalisiert das Geräusch und bellt
c) Er horcht auf, zeigt Neugierde und läuft zum Objekt hin
d) Er horcht auf und lokalisiert das Geräusch
e) Er erschrickt, zieht sich zurück und/oder versteckt sich
f) Er ignoriert das Geräusch, zeigt keinerlei Neugierde

8.) Beutetrieb

Setzen Sie den Welpen in die Mitte des Raumes. Binden Sie eine Kordel um ein Stück Stoff und ziehen Sie es hin und her über den Boden, etwas entfernt vom Welpen.

a) Er sieht das Objekt, attackiert es und beißt hinein
b) Er sieht das Objekt und läuft bellend, mit erhobener Rute zum Objekt
c) Er sieht das Objekt und läuft in die Richtung des Objekts
d) Er sieht neugierig zum Objekt und nähert sich diesem
e) Er sieht das Objekt und bellt aus Entfernung mit niedrig gestellter Rute
f) Er läuft weg und/oder versteckt sich

9.) Wesensfestigkeit

Dieser Test eignet sich, um festzustellen, wie intelligent sich ein Welpe auf ein ihm fremdes Objekt verhält.

Stellen Sie hierfür beispielsweise einen aufgespannten Regenschirm etwa 1.5 m entfernt vom Welpen auf. Der Welpe sollte entweder zum Schirm gehen und ihn begutachten oder neugierig gucken, wenn er nicht auf den Schirm zugeht.

Zeigt der Welpe eine andere als hier beschriebene Reaktion, ist er entweder zu draufgängerisch und aggressiv oder aber zu ängstlich und passiv. Beide Varianten sind bei der Auswertung dieses Segments nicht erwünscht.

Auswertung:

Überwiegend a:
Ein Welpe, der überwiegend **(a)** im Test erreicht, ist ein extrem dominanter und/oder aggressiver Welpe, der leicht zu provozieren ist und später auch zum Beißen neigen könnte. Sein dominantes Wesen könnte sich als recht erziehungsresistent erweisen und erfordert daher äußerst erfahrene Hundehalter. Dieser Welpe wird sich höchstwahrscheinlich nicht zu einem zuverlässigen Diabetikerwarnhund schulen lassen.

Überwiegend b:
Der Welpe, der im Test überwiegend **(b)** erhält, ist dominant und selbstbewusst. Er kann zum Beißen provoziert werden. Er benötigt und akzeptiert konsequente und erfahrene Hundehalter, die die Erziehung des Hundes ernst nehmen. Auch dieser Welpe bringt keine optimalen Voraussetzungen für die Ausbildung zum DWH mit.

Überwiegend c:
Dieser Welpe ist freundlich, kontaktfreudig und anpassungsfähig. Sein Temperament kann sich leicht auf unterschiedliche Umgebungen einstellen, wenn er regelmäßiges Training erhält. Bei diesem Welpen finden sich gute Charaktereigenschaften als Grundlage für die Schulung zum DWH.

Überwiegend d:
Dieser Welpe hat ein recht unkompliziertes Wesen, welches sich leicht anpassen kann. Er wird leicht zu trainieren sein und er ist zuverlässig im Umgang mit Kindern. Er ist nicht ganz so kontaktfreudig wie der Welpe, der überwiegend **(c)** im Test erhalten hat.

Auch dieser Welpe wird sich wahrscheinlich gut unter dem Training zu einem zuverlässigen Diabetikerwarnhund entwickeln.

Überwiegend e:

Dies ist ein eher unterwürfiger Welpe mit mangelndem Selbstbewusstsein. Er wird eine enge Bindung mit dem Hundehalter eingehen, braucht regelmäßig seine Nähe und Bestätigung. Wenn der Welpe zu reizarm erzogen wird, wächst er zu einem scheuen und ängstlichen Hund heran. Beachtet der Hundebesitzer dieses wichtige Kriterium bei der Grunderziehung, so besteht aufgrund der engen Bindung zu seinem Menschen auch bei diesem Welpen die Möglichkeit, ein zuverlässiger Diabetikerwarnhund zu werden.

Überwiegend f:

Dieser Welpe ist von Anbeginn recht unabhängig im Wesen und nicht so sehr am Menschen interessiert. Er benötigt nicht sehr viel menschliche Nähe im Alltag. In diesem Fall hat man aufgrund der vom Wesen des Hundes geprägten Unabhängigkeit wiederum keine optimalen Vorraussetzungen für die Ausbildung zum DWH.

Die Feinheit des Geruchsvermögens, welche speziell für die Ausbildung eines Hundes zum Diabetikerwarnhund von wesentlicher Bedeutung ist, kann bereits bei neugeborenen Welpen festgestellt werden. Das Auffinden der Nahrungsquelle (Zitzen der Mutter) erfolgt beim noch blinden und tauben Welpen ausschließlich durch den Geruchssinn. Die Beobachtung eines Welpen in den ersten Tagen nach seiner Geburt und auch die Betrachtung des Junghundes zu Beginn der Fütterungszeit lassen somit gewisse Rückschlüsse auf das Riechvermögen zu.

5.7 Öffentliche Anerkennung eines Diabetikerwarnhundes

Nachfolgend beziehe ich aus ganz persönlicher Sicht Stellung zu der öffentlichen Anerkennung eines Diabetikerwarnhundes. Jedem einzelnen Betroffenen obliegt es natürlich, hier seinen eigenen Weg, beispielsweise durch das Ablegen einer Prüfung, zu wählen. In Deutschland gibt es bislang leider keinen einheitlichen Standard für die Ausbildung bzw. die Prüfung eines Assistenzhundes und somit auch keine offiziellen und rechtlich anerkannten Zertifikate für diese Art von Hunden. In aller Regel werden solche Zertifizierungen von Hunden durch bestimmte Vereine und Organisationen festgelegt und auch ausgestellt. Hierzulande wird bis jetzt nur der Blindenführhund als so genanntes medizinisches Hilfsmittel angesehen. Selbst die Rollstuhl-Begleithunde erreichen bis heute leider nicht den rechtlichen Status, den die Blindenführhunde einnehmen. Für diese offizielle Anerkennung nach internationalen Standards setzen sich jedoch vermehrt zahlreiche Organisationen ein, weswegen auch ich Mitglied in einem solchen Verein bin.
Dass ein Diabetikerwarnhund in der Öffentlichkeit rechtlich einem Blindenführhund gleichgestellt wird und demzufolge die Kosten für die Ausbildung eines solchen Hundes von den Krankenkassen übernommen werden, liegt in meinen Augen noch in sehr ferner Zukunft, falls überhaupt jemals realisierbar. Die Befreiung oder Ermäßigung der Hundesteuer für einen Diabetikerwarnhund zu beantragen, sollte jedoch mit Hilfe eines ärztlichen Attests und/oder einer Ausbildungsbescheinigung nicht unversucht bleiben. Prinzipiell hat ein nachweislich ausgebildeter Assistenzhund durchaus mehr Rechte als andere Hunde ohne „Job“. So sind sie beispielsweise in Geschäften, auch in Supermärkten, zugelassen - vorausgesetzt, man hat es mit informierten und aufgeschlossenen Ladenbesitzern zu tun. Entsprechendes gilt für Behörden und

andere öffentliche Gebäude. Die Mitnahme eines Assistenzhundes z.B. in ein Museum, ins Kino, zu einem Konzert oder einer Theateraufführung wird, nicht zuletzt auch aus Unwissenheit der Veranstalter, oft sehr unterschiedlich gehandhabt. Heutzutage gibt es auch immer mehr Arbeitgeber, die ihren Mitarbeitern das Mitführen eines Hundes zum Arbeitsplatz genehmigen.

Bin ich nun mit meiner Hündin unterwegs, so trägt sie schon aus gesundheitlichen Gründen ein spezielles Geschirr, welches sie durch den zusätzlich angebrachten Aufdruck „Diabetikerwarnhund“ als DWH kenntlich macht. Meinen Mitmenschen und einem gegebenenfalls notwendigen Einsatz eines Arztes wird es dadurch ermöglicht, effektiv und schnell zu handeln, was einen wichtigen Faktor bei einer Hypoglykämie mit eventuell einhergehender Bewusstlosigkeit darstellt.

Für mich persönlich erhebe ich nicht den Anspruch, meine Hündin z.B. mit ins Kino oder zu einem Konzert nehmen zu dürfen. Ich bin der Meinung, dass derartige Veranstaltungen schon aufgrund der dort herrschenden Lautstärke nicht unbedingt geeignet für unsere vierbeinigen Freunde sind.

Zudem sehe ich mich trotz meiner zum Teil gravierenden gesundheitlichen Einschränkung durch den Diabetes nicht wirklich als behinderte Person. In der glücklichen Situation, bisher noch keine weiteren Spätschäden durch den Diabetes davongetragen zu haben, kann ich weitestgehend ein normales Leben führen.

Ich bin mir sicher, dass es sehr unterschiedliche Auffassungen darüber gibt, inwieweit ein Diabetiker permanent auf die Hilfe und Unterstützung seines Hundes angewiesen ist, wie es z.B. ein blinder oder motorisch eingeschränkter Mensch ist. Demzufolge sollte jeder Betroffene die Entscheidung, mit seinem Hund eine Prüfung abzulegen, nach seinen persönlichen Kriterien und Ansprüchen selbst treffen. Hypoglykämiewahrnehmungsstörungen können zweifelsfrei, vor allem nachts, lebensbedrohende Ausmaße annehmen.

Durch die Fähigkeiten meiner Hündin, solche Zustände frühzeitig wahrzunehmen, diese anzuzeigen und adäquat darauf zu reagieren, habe ich sehr an Sicherheit hinzugewonnen, wodurch sie für mich unbezahlbar und äußerst wertvoll geworden ist. Ich würde mir wünschen, mit Hilfe dieses Buches einen kleinen Beitrag zur öffentlichen Aufklärung und Anerkennung von Diabetikerwarnhunden im Allgemeinen zu leisten, denn genau jene besondere Anerkennung haben sie sich genau wie die vielen anderen „Helfer auf vier Pfoten" in meinen Augen mehr als redlich verdient.

5.8. Eigene Erfahrungen mit einem Diabetikerwarnhund

Seit rund 30 Jahren bin ich nun schon insulinpflichtige Diabetikerin mit nur schwer einstellbarem Diabetes und häufigen nächtlichen Unterzuckerungen mit Hypoglykämiewahrnehmungsstörungen. Zusätzlich wird meine Situation durch meine Lebensumstände erschwert, da ich alleine lebe.
In der Vergangenheit habe ich viele harte Kämpfe mit mir selbst austragen müssen, was die Akzeptanz und den verantwortungsvollen Umgang mit meiner Erkrankung anbelangt. Da ich als Kind, kurz vor der Pubertät stehend, an Diabetes erkrankt bin, war es mir persönlich für lange Zeit schier unmöglich, meinen Diabetes anzunehmen. So gab es in meinem Leben sowohl Zeiten, in denen ich mich meinem Schicksal sozusagen ergeben hatte, als auch Phasen, in denen ich die Erkrankung mehr oder weniger ignorierte. Erst durch die beachtliche Fähigkeit meiner Hündin habe ich schlussendlich den Knoten in meinem Kopf lösen können und gelernt, mit meinem Diabetes Frieden zu schließen.
Rund 3 Jahre ist es nun her, dass ich meine wunderbare, mittlerweile 10-jährige Hündin aus dem Tierschutz bei mir aufgenommen habe. Nicht allzu lange, nachdem sie bei mir eingezogen war, weckte sie mich das erste Mal nachts. Anfänglich konnte ich mir nicht so recht erklären, was sie wohl von mir wollte und so habe ich die für mich zunächst nahe liegenden Dinge wie z.B. die Notwendigkeit des nächtlichen Gassigehens für den Grund ihres Weckens vermutet. Es dauerte jedoch nicht allzu lange, bis ich die tatsächliche Ursache herausgefunden hatte - ich war in eine nächtliche Hypo geraten! Ohne sie hätte ich schon so manche Hypo, sowohl tagsüber als auch nachts nicht bemerkt, denn sie warnt mich verlässlich, wenn es wieder einmal soweit ist.

Verspürt sie die Notwendigkeit, mich nachts wecken zu müssen, so tut sie dies, indem sie mir über das Gesicht leckt; wenn ich tagsüber, durch Hektik und Stress abgelenkt, eine Unterzuckerung nicht bemerke, so wird sie extrem penetrant und stupst mich immer energischer an, wenn ich nicht direkt auf ihre Warnsignale reagiere. Sheila entwickelt in solchen Momenten eine enorme Energie, die eigentlich so gar nicht ihrem Wesen entspricht. Sollte ich, was situationsbedingt gelegentlich der Fall ist, zu sehr abgelenkt sein, so habe ich ihr beigebracht, mir in solchen Momenten das Blutzuckermessgerät als unmissverständliches Zeichen für eine bestehende Unterzuckerung zu bringen. Durch diese antrainierte Verhaltensweise werden Fehlinterpretationen meinerseits in solchen Situationen ausgeschlossen.

Die Sicherheit, die sie mir gibt und das neu gewonnene Lebensgefühl durch sie, sind neben der enormen Bindung zwischen uns, für mich unbezahlbar geworden, weshalb meine Hündin mein persönlicher Schutzengel auf vier Pfoten ist. Zwischenzeitlich ist sie förmlich zu meinem Schatten geworden, denn sie begleitet mich nahezu überall hin - und sei es auch nur ein Ortswechsel innerhalb der Wohnung.

Selbst Skeptikern sei damit bewiesen, dass auch ein älterer Hund durchaus noch lernfähig sein kann. Ich bin unbeschreiblich froh, meiner Hündin ein neues Zuhause gegeben zu haben und sehr dankbar für ihre großartige Leistung. Demzufolge ist es mir ein großes Bedürfnis, diesen so hilfreichen Spürsinn, den etliche Hunde von Natur aus besitzen, unter Diabetikern bekannt zu machen und bei Interesse bei dem Training des jeweiligen Hundes behilflich zu sein bzw. Hilfe bei der Auswahl nach einem geeigneten Hund zu leisten.

Hierzulande sind die Fähigkeit und die enorme Bereicherung solcher Hunde im Alltag eines Diabetikers, sowie die Mensch-Hund-Beziehung im Zusammenspiel mit Diabetes in der Öffentlichkeit noch weitgehend unbekannt. Meine in England absolvierten Ausbildungen, sowohl im Bereich der Kynologie

als auch auf dem Gebiet des Spür- und Suchhundetrainings, haben mir sehr gute Dienste erwiesen, mein bereits vorhandenes Wissen über Hundeverhalten zu vertiefen. Daraus resultierend habe ich die notwendigen Kenntnisse erlangen können, wie man Hunde für diesen speziellen Einsatz schult.
Meine Hündin habe ich also im Selbsttraining als Diabetikerwarnhund ausgebildet, die nun sehr zuverlässig ihrer verantwortungsvollen Aufgabe nachgeht.

Die Fähigkeiten meiner Hündin im Einzelnen:

- Anzeigen von Hypoglykämien
- Anzeigen von Hyperglykämien
- Apportieren des Blutzuckermessgerätes sowohl auf Kommando als auch als zusätzliches Mittel, mich unmissverständlich vor einer Hypo zu warnen
- Apportieren von Traubenzucker- u./o. Saftpäckchen
- Im Ernstfall Hilfe holen (meine Tochter wecken)

Meinem behandelnden Arzt, einem niedergelassenen Facharzt für innere Medizin und Diabetologie der Deutschen Diabetesgesellschaft DDG, sei ebenfalls ein besonderer Dank für seine Offenheit und sein vorhandenes Interesse an dieser Thematik ausgesprochen. Die mir seinerseits entgegengebrachte Offenheit ist unter Schulmedizinern durchaus keine Selbstverständlichkeit, wie ich aus eigener Erfahrung behaupten kann.
Seine wissenschaftlichen Schwerpunkte sind das kontinuierliche Glukose Monitoring und Hypoglykämien.
Er wurde auf die Fähigkeit von Hunden, Diabetikern das Leben ein wenig zu erleichtern bzw. dieses zu bereichern, durch mich aufmerksam gemacht und ich habe sein Interesse an dieser Thematik schnell geweckt, da er der Auffassung ist, dass auf dem Gebiet der Hypoglykämien noch viel zu wenig an Hilfe für Betroffene geboten wird.
Nachdem ich ihm immer wieder von meiner Hündin und ihrem Können berichtete, haben wir kontinuierliche Glukose-

messungen vorgenommen. Die Auswertung dieser für mich verblendeten Untersuchungen hat ergeben, dass meine Hündin exakt sämtliche Hypo- und auch Hyperglykämien, die ich innerhalb dieser Zeiten hatte, zuverlässig und bereits frühzeitig angezeigt hat. Mir war es wichtig, Fakten über die Fähigkeiten meiner Hündin zu sammeln, denn behaupten könnte ich theoretisch viel, ein zugrunde liegender Beweis jedoch ist für mich in diesem Fall unerlässlich.

Meine Hündin nimmt den Atemgeruch einer unterwegs aufgetretenen Hypoglykämie auf

6. Das Lernverhalten des Hundes

Lernen wird in der Psychologie als eine dauerhafte Änderung des Verhaltens und von Verhaltenspotentialen definiert, welche durch Übung erfolgt. Eine Änderung im Verhalten des Hundes zeigt uns also, dass Lernen stattgefunden hat.
Grundvoraussetzung für ein erfolgreiches Lernen beim Hund ist ein entspanntes Umfeld. Auch der Hund selbst sollte entspannt sein, wenn eine Trainingseinheit geplant ist. Er sollte weder Anzeichen von Angst noch allzu großer Aufregung zeigen. Neue Dinge lernt der Hund besser an Orten, die ihm vertraut sind und die ihm wenig Ablenkung verschaffen.
Von ebenso großer Bedeutung ist es jedoch, dass auch der Mensch entspannt ist. Sollte man zu aufgeregt, nervös, in Hektik oder gar verärgert sein, so sollte die Trainingseinheit auf einen späteren Zeitpunkt verschoben werden.
Aus der Verhaltensbiologie wissen wir, dass es zahlreiche Arten des Lernens gibt. Die Übergänge von der einen zur anderen Lernform sind fließend und gehen zuweilen auch ineinander über.
Für das Training des Hundes sind folgende Lernformen für uns von besonderer Bedeutung:

- Prägung
- Gewöhnung = Habituation
- Nachahmung
- Klassische Konditionierung
- Operante Konditionierung
- Belohnung/Strafe

Prägung: In der Welpenzeit sollte eine ausreichende Sozialisierung des Welpen durch den verantwortungsvollen Züchter erfolgen. Die Prägungsphase liegt zeitlich gesehen innerhalb der 4. - 8. Lebenswoche eines Welpen. In dieser Zeit beginnt der Welpe, bewusst sein Umfeld wahrzunehmen, er lernt seine Sozialpartner kennen. Hier entscheidet sich sein späteres Verhältnis zu Artgenossen, Menschen, Katzen etc.
Liegen etwa durch isolierte Aufzucht Defizite beim Welpen vor, so wird es schwierig, diese später noch aufzuarbeiten. Je weniger ein Welpe in dieser Phase mit Menschen, anderen Tieren oder auch Geräuschen in Kontakt kommt, umso schlechter ist er geprägt. Abhängig von der Rasse und der Genetik kann eine unzureichende Prägung im Welpenalter später zu mehr oder weniger großen Problemen führen.
Bei vernünftiger Prägung jedoch wird in dieser Phase ständig weniger Reflexverhalten gezeigt und die Instinktveranlagungsformen werden weiter entwickelt. Es ist in dieser Phase sehr wichtig, dem Welpen ausreichend Möglichkeiten zu bieten, um neue Erfahrungen zu sammeln. Er sollte z.B. verschiedene Bodenbeläge kennen lernen, neue Gerüche entdecken und verschiedene Gegenstände mit dem Fang aufnehmen.
Der Welpe sollte jetzt auch die Möglichkeit haben, andere Menschen kennen zu lernen (z.B. anderes Geschlecht, andere Hautfarbe, junge und alte Menschen, Menschen mit einem veränderten Gangbild, etc.). Auch der Kontakt zu anderen Hunden ist in dieser Zeit enorm wichtig.

Gewöhnung = Habituation: Habituation bezeichnet die einfachste Form des Lernens. Habituation setzt ein, wenn ein Individuum wiederholt einem Reiz ausgesetzt ist, der sich als unbedeutend erweist. Die Reaktion auf diesen Reiz schwächt sich dann allmählich ab und unterbleibt schließlich womöglich völlig. Hält man nach Eintritt der Habituation den Reiz genügend lange fern, nimmt die Reaktionsbereitschaft des Individuums in der Regel wieder zu.

Synonyme für Habituation sind Gewöhnung und erlernte Verhaltensunterdrückung. Im Gegensatz zur Habituation steht die Sensibilisierung - ein Reiz wird immer weiter verringert.

Nachahmung: Nachahmung bezeichnet das Lernen durch Beobachtung. Hunde lernen besonders schnell und leicht durch Nachahmung während der Prägungs- und Sozialisierungsphase. Wenn man beispielsweise einen sozial- und umweltsicheren Hund besitzt und diesen mit einem eher ängstlichen Hund zusammenbringt, so wird der ängstliche Hund eine ganze Menge von dem souveränen Hund durch Nachahmung bzw. Beobachtung lernen können. Doch auch das Gegenteil ist denkbar. So kann z.B. ein Welpe aggressives Verhalten gegenüber anderen Hunden von dem älteren Hund übernehmen. Unter Konditionierung versteht man in der Psychologie das Erlernen von Reiz-Reaktions-Mustern (Stimulus-Response). Auf einen bestimmten Reiz erfolgt beim Organismus eine bestimmte Reaktion. Lernen findet über Verknüpfungen (Assoziationen) statt.

Klassische Konditionierung: Bei der klassischen Konditionierung wird ein angeborener Reflex mit einem neutralen Reiz verbunden. Nach einigen Wiederholungen wird der neutrale Reiz den angeborenen Reflex auslösen. Das wohl bekannteste Experiment hierzu führte der russische Mediziner und Physiologe Iwan Pawlow durch. Er fand heraus, dass Hunde vermehrt speichelten, wenn sie Futter erhielten. Er ließ vor der Futtergabe ein Tonsignal erklingen und nach einiger Zeit verknüpften die Hunde das Tonsignal mit der Futtergabe. Wenn das Tonsignal ertönte, begannen sie vermehrt zu speicheln, auch wenn gar kein Futter angeboten wurde.
Mit diesen Theorien setzte er einen wichtigen Grundstein für die behavioristischen Lerntheorien.

Das wichtigste Instrument in der Erziehung von Hunden, welches auf klassischer Konditionierung beruht, ist der Clicker, worauf im folgenden Kapitel näher eingegangen wird.
Ein Beispiel soll die klassische Konditionierung verdeutlichen: ein Hund hat gelernt: „Wenn Frauchen sich einen Joghurtbecher holt, dann darf ich ihn zum Schluss auslecken." Irgendwann wird bereits das Öffnen des Joghurtbechers zum auslösenden Reiz für vermehrten Speichelfluss.

Operante Konditionierung: Im Unterschied zur klassischen Konditionierung werden bei der operanten Konditionierung nicht die unbewussten Reaktionen, sondern die zufälligen, bewussten oder freiwilligen Aktivitäten verknüpft.
Sollte das gewünschte Lernziel ein komplexes, aus vielen Bestandteilen zusammengesetztes Verhalten sein, so sollten jeweils die einzelnen Teilschritte der Verhaltenskette bestenfalls mit dem Clicker trainiert werden.

Belohnung/Strafe: Es werden sowohl für die Belohnung als auch für die Strafe jeweils zwei Formen unterschieden. Generell kann gesagt werden, dass positive Verstärker die Häufigkeit eines Verhaltens steigern, während negative Verstärker die Häufigkeit eines Verhaltens verringern sollen. Bei der Belohnung gibt es zunächst einmal die positiven Verstärker. Hierunter fallen die Dinge, die der Hund zur Belohnung gerne haben möchte (seien es Leckerchen, Streicheleinheiten oder das Lieblingsspielzeug). Als negative Verstärker werden in der Hundeerziehung Belohnungen definiert, bei denen dem Hund etwas Unangenehmes entzogen wird. Die negative Verstärkung wird nicht deshalb als „negativ" bezeichnet, weil etwas „Negatives" beendet wurde. Man unterscheidet hier noch einmal weiter in primäre und sekundäre Verstärker. Primäre Verstärker sind jene, die die Grundbedürfnisse wie z.B. Hunger und Durst befriedigen.

Sekundäre Verstärker hingegen bezeichnen lediglich die Ankündigung bzw. das Versprechen eines primären Verstärkers. Sobald die Verknüpfung von primärem und sekundärem Verstärker stattgefunden hat, wird der Hund bereits den sekundären Verstärker als Belohnung empfinden, obwohl dieser gar keine Belohnung im eigentlichen Sinne darstellt. Ein Beispiel soll dies verdeutlichen: Ein primärer Verstärker ist z.B. ein Leckerchen, während ein sekundärer Verstärker beispielsweise der Ausspruch „braver Junge“ sein kann. Letzten Endes ist ein sekundärer Verstärker jedoch nicht gleichermaßen effektiv wie ein primärer Verstärker; von daher empfiehlt es sich, den Hund von Zeit zu Zeit für ein erwünschtes Verhalten mit einem Leckerbissen zu belohnen.

Bei der Strafe handelt es sich um nichts anderes, als eine negative Erfahrung, die die Häufigkeit des unerwünschten Verhaltens vermindern soll. Es gibt jedoch enorme Unterschiede, welche Maßnahmen ein Hund bereits als Strafe empfindet. Aus diesem Grund ist diese Form des Lernens mit großer Vorsicht zu betrachten und einzusetzen. Es gibt eine Vielzahl von möglichen Strafen im Vergleich zu den Belohnungen, die sich die Menschen in Bezug auf die Erziehung ihrer Hunde im Laufe der Zeit haben einfallen lassen.

Leider wird im Zusammenhang mit Strafe häufig die Zufügung von körperlichem Schmerz verbunden, wie beispielsweise der bewusste oder unbewusste Leinenruck, das Nackenschütteln, das Anlegen von Würge- oder Stachelhalsbändern, die Verwendung von Stromimpulsen und die leider immer noch häufig eingesetzten Schläge oder anderen derartigen Misshandlungen von Hunden. Strafen dieser Art bewirken in der Realität jedoch meist nur eine zeitverzögerte Wiederholung des unerwünschten Verhaltens. Somit sollten die oben genannten Maßnahmen in der Hundeerziehung keinesfalls zum Tragen kommen.

Durch die negative Strafe entziehen wir dem Hund etwas, was er gerne hätte. Zeigt er ein nicht erwünschtes Verhalten, erhält er beispielsweise kein Leckerchen. Weitere Möglichkeiten von negativer Strafe wären somit, den Hund auf seinen Platz zu schicken oder der Entzug von Spielzeug.

7. Grundgehorsam

Der Grundgehorsam gilt als erzieherische Basis im Mensch-Hund-Team und ist enorm wichtig sowohl im Alltag als auch im Training und bei der Ausübung anderer Fähigkeiten. Die Arbeit mit seinem Menschen soll für den Hund zu einem tollen Spiel werden und diese Grundlage kann man sich dann hervorragend zu Nutze machen.
Jedoch gibt es auch hierbei feste Regeln. Kommandos wie „Sitz“, „Platz“, „Bleib“, „Hierher“ und „Bei-Fuß“ sollte der Hund nicht nur sicher beherrschen, sondern sie auch ausführen, wenn man es von ihm verlangt, selbst wenn er durch eventuell interessantere Dinge abgelenkt wird.
Der Clicker ist auch hier sowohl für den Hund als auch für den Menschen eine große Hilfe beim Erlernen des Hunde-ein-maleins. Der Hundehalter muss für seinen Hund interessanter werden als alles Andere, damit ihm sein Hund lernwillig und mit Freude folgen wird. Dadurch wird es gelingen, aus Hund und Mensch ein gutes Team werden zu lassen.
Für ausführlichere Anleitungen bezüglich der Grundausbildung eines Hundes gibt es bereits eine Vielzahl guter Bücher auf dem Markt. Diese Thematik im Rahmen des vorliegenden Buches zu vertiefen, würde zu weit führen, sodass ich an dieser Stelle empfehlen möchte, sich bei Bedarf mit entsprechender Literatur intensiver zu beschäftigen.

7.1 Training des Hundes

Das ideale Instrument für das Training eines Hundes ist zweifelsfrei der Clicker. Sollten Sie noch nicht vertraut mit einem Clicker sein, so stellen Sie sich dieses Trainingsinstrument in seiner Funktion als eine Art Knackfrosch vor. Clicker werden im Fachhandel in den verschiedensten Ausführungen angeboten. Der Clicker spricht eine klare und eindeutige „Sprache“, mit dessen Hilfe man dem Hund erklären kann, welche seiner Reaktionen für ihn lohnenswert sind. Die Kommunikation zwischen Mensch und Hund wird durch das Clickertraining verbessert und damit einhergehend auch die Bindung. Viele Hunde reagieren mit großem Lerneifer, verbesserter Konzentration und Spaß auf das Training mit dem Clicker, ganz unabhängig vom Alter des Hundes. Das Clickertraining kommt ursprünglich aus den USA und wurde dort von Karen Pryor seinerzeit zum Training von Delfinen entwickelt. Ihre Erfahrungen mit dem Clicker veranlassten nach und nach immer mehr Hundetrainer, den Clicker in die Ausbildung von Hunden einzubeziehen. Das Clickertraining läuft nach dem Prinzip der klassischen bzw. operanten Konditionierung ab, die im Kapitel „Das Lernverhalten des Hundes“ bereits beschrieben worden sind.

Sollte der Hund bisher noch nicht vertraut mit dem Clickertraining sein, so beginnt man natürlich damit, mit dem Clicker-Geräusch die richtige Verknüpfung herzustellen. Hierfür betätigt man den Clicker und gibt dem Hund sofort einen Belohnungshappen. Man wiederholt dies so lange, bis der Hund eine Erwartungshaltung bei dem Clicker-Geräusch zeigt.

Nun stellt sich jedoch die Frage, woher der Hund weiß, was er tun soll, wenn der Hundehalter/Trainer ihn weder berühren, noch Hilfestellungen geben sollte? Die Antwort ist einfach: er weiß es nicht!

Sobald der Hund zufällig den Ansatz einer erwünschten Verhaltensweise zeigt, erfolgt bereits ein Click/Belohnung. Im Folgenden wird der Hund versuchen, über die Methode des Versuch-Irrtum-Lernens (Trial & Error) diesen Vorgang zu wiederholen, um sich sein Leckerchen zu ergattern.
Die größte Herausforderung beim Training eines Hundes liegt daher beim Trainer, der das zu trainierende, erwünschte Verhalten in viele kleine, gut durchdachte Einzelschritte zerlegen muss, damit sich das erwünschte Verhalten daraus entwickeln kann. Das Zerlegen in diese vielen Einzelschritte wird Shaping (engl. shape = formen) genannt.
Mit Hilfe des Shapings lassen sich dem Hund all die zur Schulung zum Diabetikerwarnhund benötigten Fähigkeiten beibringen. Sei es nun das Anstupsen oder alternativ hierzu das Bellen auf Kommando, wenn der Hund eine Hypoglykämie bemerkt hat oder aber auch das Apportieren von Gegenständen wie z.B. des Glukosemessgeräts. Ebenso kann der Hund durch das Shaping dahingehend trainiert werden, im Ernstfall fremde Hilfe zu holen oder einen vorhandenen Notrufschalter zu betätigen. Vielleicht sind Sie ein wenig nachlässig mit dem regelmäßigen Messen Ihrer Blutzuckerwerte und möchten Ihrem Hund beibringen, Sie an das Messen Ihres Blutzuckers zu erinnern; sollte Ihr Glukosemessgerät über einen einzustellenden Alarm verfügen, so können Sie Ihrem Hund mit Hilfe des Shapings beibringen, Ihnen das Messgerät bei Ertönen des Tonsignals zu apportieren. Selbst das zuverlässige Detektieren von Hypoglykämien folgt diesem Prinzip, indem man dem Hund den bei einer Unterzuckerung konservierten Atem- oder Schweißgeruch des Diabetikers beim Training zur Verfügung stellt. Es können jedoch auch Kleidungsstücke für dieses Training zum Einsatz kommen, die der Diabetiker während einer Unterzuckerung getragen hat. Der Hund muss zuallererst den jeweils speziellen Geruch, welcher sich sowohl bei einer Hypo- als auch bei einer Hyperglykämie einstellt, verinnerlichen und zu unterscheiden lernen.

Der erste Trainingsschritt des Hundes sollte also das Aufspüren des bestimmten Geruchs „seines“ Menschen darstellen, welches natürlich mit einer Belohnung verknüpft werden muss. Erst dann können weiterführende Anforderungen an den Hund gestellt werden, wie beispielsweise den Geruch für eine Unter- oder Überzuckerung jeweils mit einem bestimmten Wort zu belegen. Es empfiehlt sich, hat man sich dazu entschlossen, seinen Hund zum Diabetikerwarnhund zu schulen, den Blutzucker häufiger als gewohnt zu überprüfen. Währenddessen ist es wichtig, den Hund jedes Mal mit einzubeziehen, ihn ausgiebig schnüffeln zu lassen und im Falle einer Hypo- oder Hyperglykämie, den Hund den Atemgeruch noch währenddessen aufnehmen zu lassen, indem man ihn beispielsweise leicht anhaucht.

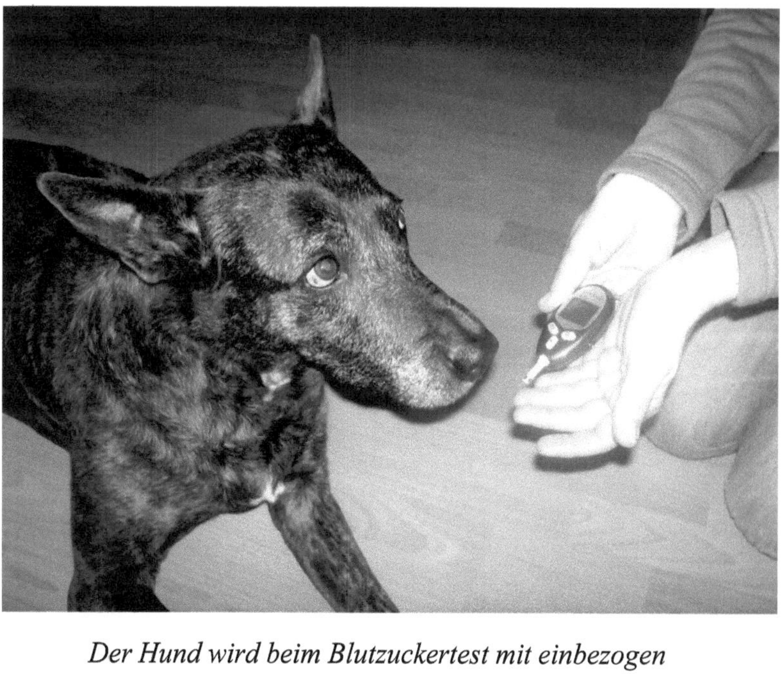

Der Hund wird beim Blutzuckertest mit einbezogen

Sollte ein bereits vorhandener Hund schon von sich aus durch Änderung seines Verhaltens eine Hypoglykämie anzeigen, so wäre es vorstellbar, den Hund durch eine weitere Handlungsweise dazu zu bringen, seine Anzeige auf eine Hypoglykämie mit einem zusätzlich antrainierten Verhalten zu ergänzen. Dieses zusätzliche Verhalten (z.B. durch Bringen des Glukosemessgeräts) hilft dem Diabetiker, die Anzeige seines Hundes nicht mehr falsch zu interpretieren oder gar zu übersehen. Hat der Hund eine Unterzuckerung angezeigt, was durch Messung des Blutzuckers zuallererst überprüft werden sollte, so muss der Hund ausgiebig und überschwänglich für diese Anzeige gelobt werden. Nun kann man beispielsweise das Glukosemessgerät als Verstärkung der Anzeige ins Spiel bringen. Abhängig vom Fortschritt des Apportiertrainings mit dem Glukosemessgerät muss der Trainingsschritt vom Hund eingefordert werden, der von Seiten des Hundes bereits sicher beherrscht wird. Selbstverständlich folgt nun eine außerordentliche Futterbelohnung und darüber hinaus natürlich auch viel Lob des Menschen. Im weiteren Verlauf kann es durchaus geschehen, dass der Hund immer häufiger das Glukosemessgerät als zusätzliches Signal bereits von sich aus bei seinen Anzeigen auf Hypoglykämien mit einbeziehen wird. Sollte der Hund dann tatsächlich eigenständig mit dem Glukosemessgerät in der Schnauze seinem Menschen eine Hypoglykämie anzeigen, so ist jetzt der Zeitpunkt für den „Jackpot" gekommen. Ein Jackpot bedeutet eine größere Futterbelohnung als üblich und zudem übertrieben überschwängliches Lob. Wissenswert an dieser Stelle ist: je stärker die Emotionen beim Training von Seiten des Menschen ausfallen, desto intensiver bleiben diese positiv im Gedächtnis des Hundes haften.

Es kann an dieser Stelle nicht oft genug erwähnt werden, dass es hierbei extrem wichtig ist, aus dem anfänglichen Verhaltensansatz das erwünschte Verhalten bis zur Perfektion zu formen, jedoch immer unter der Berücksichtigung, den Hund auch nur für die kleinste Verbesserung in Richtung des er-

wünschten Verhaltens durch Click/Belohnung zu bestärken. Für die Belohnung des Hundes während der Trainingseinheiten empfehlen sich besonders die weichen Belohnungshappen, wie z.B. gegartes Huhn, Hundewurst oder Käsewürfelchen, damit der Hund nicht jedes Mal durch langes Kauen vom Wesentlichen abgelenkt wird. Der Hundehalter/Trainer sollte täglich 20-30 Minuten Trainingszeit einplanen, welche sich auch über den Tag verteilt in kleinere Einheiten einteilen lassen. Nach jeder Trainingseinheit ist es unerlässlich, dem Hund genügend Ruhephasen zu ermöglichen, denn erst dadurch lässt sich das Gelernte festigen. Natürlich sollte ein Diabetikerwarnhund aber auch die Möglichkeit haben, sich zwischendurch wie ein ganz normaler Hund benehmen zu dürfen. Ausgelassene Spiele, spannende Spaziergänge und wildes Toben sollten ihm also ebenfalls täglich ermöglicht werden.
Man sollte den Hund keinesfalls überfordern, indem man schon von Anbeginn zu viel von ihm erwartet. An dieser Stelle möchte ich nochmals darauf hinweisen, dass man für diese Art von spezieller Ausbildung viel Geduld mitbringen muss und auch in der Lage sein sollte, etwaige Rückschritte hinzunehmen. Ebenso wichtig ist es jedoch auch, selbst nach erfolgtem Training eines Hundes zum DWH und dessen zuverlässigem Arbeiten als solcher, das Gelernte von Zeit zu Zeit aufzufrischen, indem man den Hund hin und wieder kleinere Trainingseinheiten absolvieren lässt.

7.2 Apportieren

Im Folgenden soll das Shaping anhand einer Apportierübung verdeutlicht werden.
Auch z.B. das Apportieren des Glukosemessgeräts ist eine Verhaltenskette und besteht aus vielen kleinen Einzelschritten. Click/Belohnung sollte anfänglich schon erfolgen, wenn der Hund das Glukosemessgerät nur anschaut. Der nächste Belohnungsschritt wäre, den Hund durch Click/Belohnung zu bestärken, wenn er das Glukosemessgerät mit der Schnauze berührt. Weiter geht es mit Click/Belohnung, wenn der Hund die Schnauze öffnet, um das Objekt zu berühren, gefolgt vom nächsten Schritt, das Glukosemessgerät mit den Zähnen zu berühren. Nimmt der Hund das Glukosemessgerät mit der Schnauze auf, erfolgt wieder Click/Belohnung, ebenso, wenn der Hund das Glukosemessgerät in der Schnauze behält.
In Richtung des Apportierens geht es dann weiter mit Click/Belohnung, wenn der Hund seinen Kopf zum Hundehalter/Trainer dreht, während er das Glukosemessgerät in der Schnauze hält. Bewegt sich der Hund mit dem Glukosemessgerät in der Schnauze zu seinem Menschen, gibt es die nächste Bestätigung durch Click/Belohnung.
Nun ist es fast geschafft! Der letzte Trainingsschritt besteht darin, dass der Hund seinem Menschen das Glukosemessgerät in die Hand legt. Der Hund muss für jeden der genannten Schritte belohnt werden (Click/Belohnung). Es können selbstverständlich nicht alle Schritte in einer einzigen Übungseinheit durchgearbeitet werden! Jedes Teilverhalten muss erst zuverlässig vom Hund gezeigt werden, bevor der Hundehalter/Trainer zum nächsten Trainingsschritt übergehen sollte.

Abschließend noch ein Wort zum richtigen Timing:
während des Trainings muss man sehr aufmerksam sein. Das Zeitfenster, in dem der Hund sein Verhalten mit einer Reaktion des Hundehalters/Trainers verknüpfen kann, liegt bei maximal 3 Sekunden. Daher eignet sich der Clicker als Verstärker für positives Verhalten sehr viel besser als die Nutzung der menschlichen Stimme.

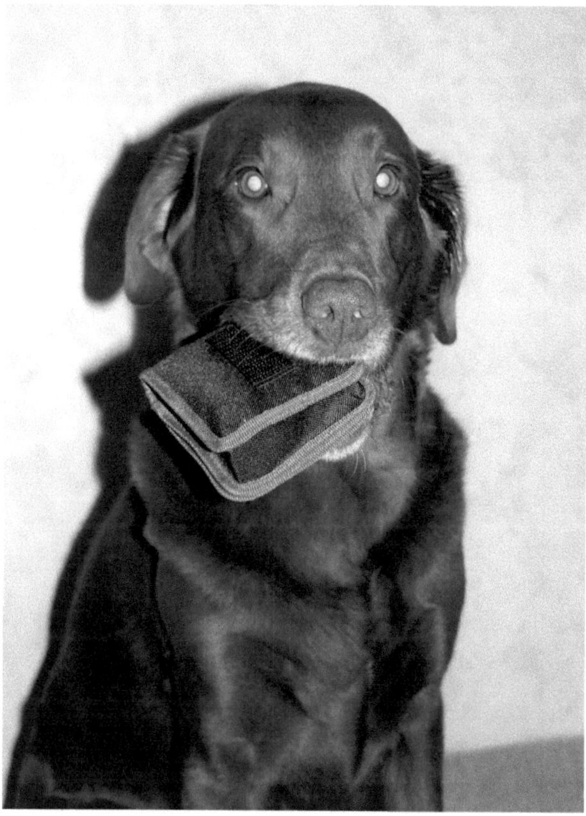

Balu apportiert das Glukosemessgerät

Schematische Darstellung des Clickertrainings:

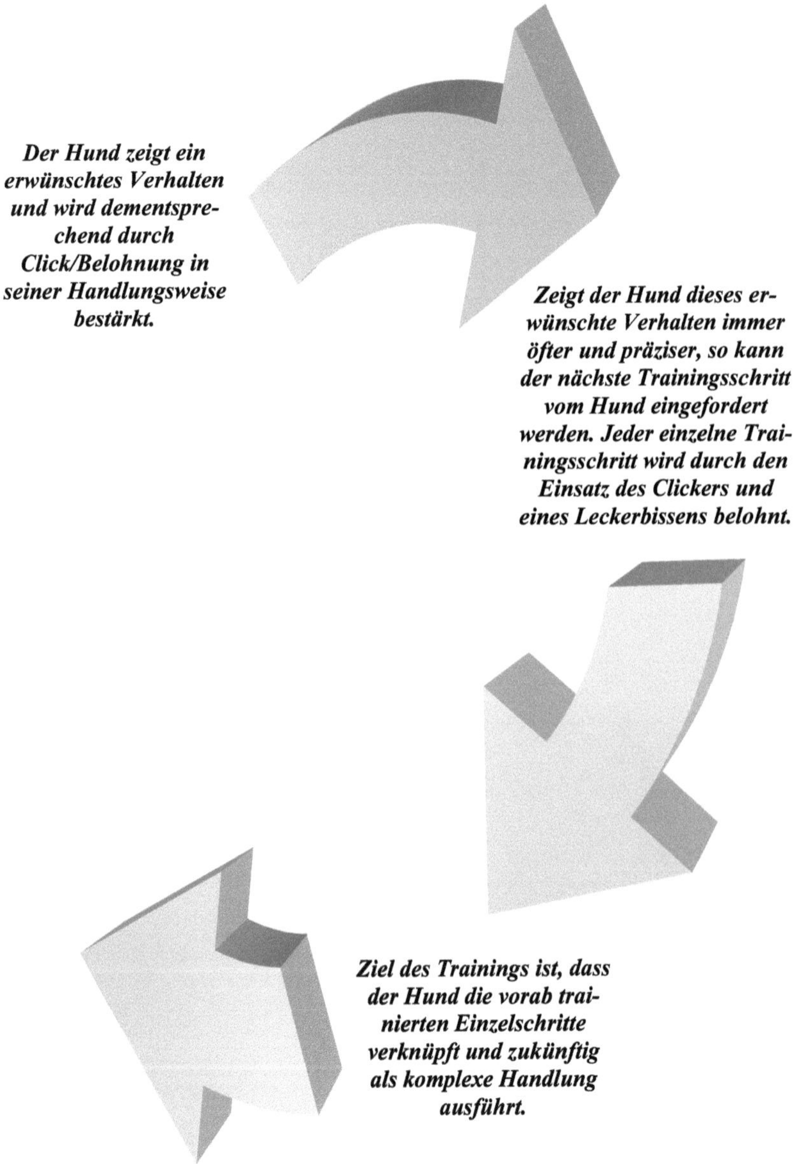

8. Bindung

Der Begriff „Bindung“ taucht des Öfteren in den verschiedenen Kapiteln dieses Buches auf. Nun soll im Folgenden näher darauf eingegangen und geklärt werden, was man unter Bindung eigentlich versteht und wie man diese im Mensch-Hund-Team gegebenenfalls noch verstärken kann.
Per definitionem ist die Bindung die Bezeichnung für eine enge soziale Beziehung zwischen Mensch und Hund. Heinz Weidt und Dina Berlowitz haben eine Bindungstheorie aufgestellt, die den Begriff der Bindung als „ein unsichtbares individuelles Band, welches zwischen zwei ungleichen Partnern geknüpft wird“, formulieren.
Die Bindung bezeichnet eine von Geborgenheit und Sicherheit gekennzeichnete Gefühlslage des Hundes. Die Grundlage der Bindung von Hunden zu uns Menschen ergibt sich aus der Trennung vom Muttertier und dem natürlichen Bedürfnis nach Schutz, welchem im Folgenden der Mensch allzeit gerecht werden muss, indem er die Bedürfnisse des Hundes erkennt, entsprechend darauf reagiert und somit dem Hund ein verlässlicher Partner in allen Lebenslagen wird. Des Menschen Handeln bestimmt letzten Endes die Qualität der entstandenen Bindung zwischen ihm und seinem Hund.
Zur artgerechten Hundehaltung gehört neben den existenziellen Grundbedürfnissen eines Hundes wie beispielsweise genügend Auslauf, Kontakt zu Artgenossen, richtige und ausgewogene Ernährung, ein trockener und geschützter Schlafplatz und die tierärztliche Versorgung, in erster Linie die Integration des Hundes in den Familienverband. Der Mensch muss seinem Hund innerhalb dieses Verbandes ein verlässlicher Sozialpartner sein, der ihm einen klaren Handlungsrahmen vorgibt.
Eine sichere und stabile Bindung ermöglicht es dem Hund, sich positiv mit seiner Umwelt und den verschiedensten Einflüssen auseinandersetzen zu können. Ohne bestehende Bin-

dung zum Menschen und die sich daraus ergebende, fehlende, wenngleich lebensnotwendige Sicherheit, entsteht für den Hund ein Kreislauf aus Angst und Aggression. Stimmt also die Bindung im Mensch-Hund-Team, so ist die Basis des Zusammenlebens geschaffen und ermöglicht erst dann jegliche erfolgreiche Arbeit mit dem Hund.

Eine wichtige Vorraussetzung für ein funktionierendes Mensch-Hund-Team ist die Achtung und der Respekt des Menschen vor seinem Hund, gerade so, wie die Menschen es von einem Hund erwarten. Wir müssen lernen, den eigenen Hund von Grund auf kennen zu lernen. Welche Persönlichkeit hat der eigene Hund, was mag er besonders, welche Dinge mag er gar nicht, wie verhält der eigene Hund sich in bestimmten Situationen, wie kommuniziert er mit uns? Da unsere Hunde uns nie wirklich verstehen werden, müssen wir versuchen, unseren Hund richtig zu „lesen". Hierbei hilft es uns, wenn wir uns mit den „hündischen" Kommunikationsweisen intensiver beschäftigen. Hunde untereinander halten ständig Blick- und Körperkontakt - dies stärkt und festigt die Bindung unter ihnen. Sucht der Hund jedoch den Blickkontakt mit uns, so bemerken wir dies oft gar nicht; im Grunde erziehen wir ihm damit dieses für die Bindung so notwendige Verhalten ab.

Wie kann nun die Bindung in einem bestehenden Mensch-Hund-Team intensiviert werden? Sicherlich wären Druck und Strafandrohung der falsche Weg. Diese Methode stresst im Grunde nur beide Seiten, was mit einer freudigen Bindung, einem Vertrauensverhältnis, natürlich nichts zu tun hat.

Man sollte so viel wie möglich gemeinsam mit dem Hund unternehmen. Auf diese Weise lernt man sich zum einen gegenseitig gut kennen, zum anderen steigt dadurch das Verständnis füreinander, woraus sich schließlich Vertrauen, Zuneigung und Achtung entwickeln.

Es entsteht sozusagen ein unsichtbares Band, welches das Zusammenleben zwischen Mensch und Hund begleitet. Der Mensch und sein Hund bilden eine Einheit - ein Team eben.

Denken Sie daran; ein Hund kann nur so viel Vertrauen in Sie aufbauen, wie Sie ihm schenken, denn auch Vertrauen beruht auf ausgewogener Gegenseitigkeit.
Aufgrund dieser Tatsachen zeigt sich uns schon der Weg, den wir gehen müssen, um die Bindung zwischen Mensch und Hund zu stärken - wir müssen uns und unsere Person positiv für den Hund verknüpfen. Der Mensch muss sich interessant für seinen Hund machen, er muss dafür sorgen, dass er der Mittelpunkt in der Welt seines Hundes wird. Der Hund muss lernen, dass er all die wirklich positiven Dinge nur dann erlebt, wenn er stets im Umkreis seines Menschen bleibt.
Die Bindungsarbeit sollte grundsätzlich ohne jeglichen Druck und/oder Strafe erfolgen. Ausschließlich positives Verhalten sollte belohnt werden.

8.1 Bindungstest

Die Beantwortung der nachfolgenden Fragen gibt Aufschluss über die bestehende Mensch-Hund-Bindung.

1.) Wie verhält sich der Hund, wenn Sie auf dem Spaziergang einen fremden Menschen treffen, der Ihren Hund ausgiebig streichelt und Sie nach einer gewissen Zeit Ihren Spaziergang fortsetzen möchten?
a) Ihr Hund folgt Ihnen, sobald Sie sich umdrehen, um Ihren Spaziergang fortzusetzen.
b) Sie müssen Ihren Hund mehrfach rufen, bis er zu Ihnen kommt.
c) Sie müssen Ihren Hund anleinen, damit er weiter geht.

2.) Wie verhält sich der Hund, wenn Sie mit ihm spazieren gehen?
a) Der Hund blickt häufig zu Ihnen.
b) Der Hund schaut einige Male zu Ihnen, lässt sich jedoch leicht von interessanteren Dingen ablenken.
c) Der Hund interessiert sich nicht wirklich für Sie auf Ihren Spaziergängen.

3.) Sie gehen während des Spaziergangs auf einer Wiese kreuz und quer - mal rechts, mal links, mal geradeaus; wie verhält sich Ihr Hund?
a) Ihr Hund folgt Ihnen auf Ihrem Zick-Zack-Kurs über die Wiese.
b) Ihr Hund verhält sich aufgeregt, läuft vor Ihnen, springt an Ihnen hoch und/oder bellt Sie an.
c) Ihr Hund interessiert sich nicht dafür, in welch eigentümlicher Art Sie über die Wiese spazieren, sondern widmet sich den Dingen, die für ihn interessanter erscheinen.

So sollte die in Testfrage 3 beschriebene Situation im Idealfall aussehen

4.) Sie betreten mit Ihrem Hund ein unbekanntes Terrain, z.B. einen Raum, den Sie beide nicht kennen. Wie verhält sich Ihr Hund dabei?

a) Er bleibt bei Ihnen und wartet ab, was Sie als Nächstes tun, dann erst schaut er sich im Raum um.

b) Sobald Sie beide den Raum betreten haben, läuft Ihr Hund voraus und schaut sich neugierig um.

c) Er stürmt vor Ihnen in den Raum, zeigt keinerlei Zurückhaltung und erkundet alle neuen Eindrücke neugierig.

5.) Wo befindet sich der Hund meistens innerhalb der Wohnung?

a) Er befindet sich ständig in der Nähe seines Menschen.

b) Er befindet sich sowohl in der Nähe seines Menschen, als auch an anderen Orten, je nachdem, wonach ihm gerade ist.

c) Der Hund interessiert sich nicht wirklich für die Anwesenheit seines Menschen und bevorzugt eher seine eigenen Interessen und Schlafplätze, unabhängig, wo sich sein Mensch gerade aufhält.

6.) Wie gehorcht der Hund auf ihm erteilte Kommandos?

a) Ihr Hund befolgt das Kommando sofort, ohne zu zögern.

b) Ihr Hund befolgt das Kommando erst, nachdem Sie es mehrmals wiederholen.

c) Ihr Hund befolgt das Kommando gar nicht.

7.) Wenn Sie Ihrem Hund einen vollen Futternapf hinstellen und ihn direkt rufen, wie verhält sich Ihr Hund?

a) Ihr Hund kommt sofort und interessiert sich nicht für das Futter in seinem Napf.

b) Ihr Hund frisst erst etwas, kommt dann aber doch zu Ihnen.

c) Ihr Hund kommt erst zu Ihnen, nachdem er alles aufgefressen hat.

8.) Wie verhält sich Ihr Hund, wenn Sie innerhalb der Wohnung nach längerer Zeit aufstehen und einen Ortswechsel vornehmen?

a) Der Hund bemerkt Ihren Ortswechsel sofort und folgt Ihnen.

b) Der Hund blickt auf, bemerkt also, dass Sie aufgestanden sind, schläft dann aber weiter auf seinem Schlafplatz.

c) Der Hund bekommt Ihren Ortswechsel gar nicht mit, da er mit anderen Dingen beschäftigt ist und sich gerade nicht dafür interessiert, was Sie als Nächstes tun.

Auswertung:

Sollten Sie die Fragen überwiegend mit der Antwortmöglichkeit **(a)** beantwortet haben, so haben Sie und Ihr Hund eine erfreulich gute Bindung. Ihr Verhältnis ist von gegenseitigem Vertrauen geprägt und Ihr Hund orientiert sich stark an Ihnen.

Haben Sie die Fragen überwiegend mit der Antwortmöglichkeit **(b)** beantwortet, so besteht durchaus noch der Bedarf, Ihre Bindungsqualität zu verbessern. Sie sind letztendlich nur dann für Ihren Hund interessant, wenn er sich gerade mit nichts Wichtigerem beschäftigt. Machen Sie sich für Ihren Hund wichtig und interessant, dann wird sich auch Ihre Bindungsqualität noch verbessern lassen.

Sollten Sie die Fragen überwiegend mit der Antwortmöglichkeit **(c)** beantwortet haben, so gehört Ihr Hund zu den unabhängigen Vertretern seiner Art. Möglicherweise ist dieses Verhalten schon alleine durch die Rasse des Hundes geprägt. Auch hier gilt, sich für den Hund wichtig und interessant zu machen, wodurch sich die Bindung eventuell noch ein wenig verbessern lässt.

8.2 Verbesserung der Bindung

Eine bereits bestehende Bindung zwischen Mensch und Hund kann durchaus noch gefestigt und/oder verbessert werden. Im Folgenden werden Tipps im Alltag sowie auf Spaziergängen zur Förderung der Bindung vorgeschlagen.

Verbringen Sie die Zeit mit Ihrem Hund stets mit voller Aufmerksamkeit. Ihr Hund spürt, wenn Sie ihn streicheln, während Sie nebenbei noch mit etwas Anderem beschäftigt sind!

Ein Hund sollte lernen, dass alles Gute von seinem Menschen kommt. Aus diesem Grunde ist es eine sinnvolle Idee, das Spielzeug des Hundes nicht für ihn frei zugängig liegen zu lassen, sondern es nach einer Spieleinheit wegzulegen. Letztendlich liegt die Entscheidung beim Menschen, wann und mit welchen Dingen der Hund spielen kann.

Achten Sie auf die Signale Ihres Hundes. Ignorieren Sie diese nicht, sondern belohnen Sie ihn für seine angeborenen Bindungssignale. Läuft der Hund voraus und dreht sich zu Ihnen um, so halten Sie ihm ein Leckerli hin, loben Sie ihn, wenn er daraufhin zu Ihnen kommt. Der Hund wird sich im Laufe der Zeit vermehrt nach Ihnen umdrehen. Dies ist der Moment, indem die Leckerlis reduziert werden sollten, um auf eine variable Verstärkung dieses Verhaltens zu wechseln. Es gilt als erwiesen, dass Lerneffekte bei Hunden mittels variabler Verstärkung intensiver wirken, da die Belohnung nicht verlässlich für den Hund ist und somit auch nicht an Reiz verliert. Statt der Leckerlis kann man beispielsweise auch ein Spiel beginnen, je nachdem, was der jeweilige Hund am liebsten mag.

Sollte der Hund unterwegs einmal abgelenkt sein, ändern Sie kommentarlos die Richtung. Folgt Ihr Hund Ihnen, so loben Sie ihn wiederum ausgiebig.

Wie wäre es, wenn Sie einmal anstatt des vorgegebenen Spazierweges einen Querfeldein-Marsch mit Ihrem Hund unter-

nehmen? Anstatt die Brücke zur Überquerung eines Flusses zu wählen, könnten Sie mit Ihrem Hund den Bach gemeinsam durch einen Sprung überwinden. Baumstämme könnten so beispielsweise gut als Hindernis-Parcours genutzt werden. Lassen Sie Ihren Ideen freien Lauf und gehen Sie auch auf die Aufforderungen Ihres Hundes ein. Solch ein aktiver Spaziergang trägt gleich doppelt zum Spaßfaktor bei und hält zudem auch noch fit. Das Leckerchen-Such-Spiel ist auch immer wieder eine gute und abwechslungsreiche Idee, den eigenen Hund unterwegs zu beschäftigen und ihn bei Laune zu halten. Suchen Sie sich einfach ein geeignetes Versteck wie z.B. einen Baumstumpf und verstecken Sie ein paar Leckerlis. Auf Ihr Kommando darf Ihr Hund zu suchen beginnen.
Natürlich müssen und sollen Sie sich nicht bei jedem Spaziergang mit Ihrem Hund körperlich verausgaben, denn sowohl für Sie als auch für Ihren Hund soll der gemeinsame Spaziergang zur täglichen Erholung und Entspannung beitragen. Dennoch gibt es viele Hundebesitzer, die ihren Hund weit vorauslaufen lassen, während sie selbst den eigenen Gedanken nachhängen; so gehen Hund und Mensch zwar gemeinsam in die gleiche Richtung, allerdings geht jeder für sich selbst spazieren, ohne dass sich beide miteinander beschäftigen. Hier wäre es ratsam, wenn der Mensch sich bewusst einmal für die Dinge interessiert, die sein Hund unterwegs erkundet; sei es nun ein Mäuseloch oder auch nur eine Stelle, die für den Hund besonders interessant zu sein scheint. Anstatt achtlos weiterzugehen, könnten Sie stehen bleiben und auf Ihren Hund warten, bis er bereit ist, seinen Weg fortzusetzen. Die Eindrücke, die ein Hund mit seiner Nase unterwegs aufnimmt, sind sehr wichtige Informationen für ihn. Der Mensch sollte seinem Hund somit ausreichend Gelegenheit dazu bieten und ihn nicht ungeduldig beim intensiven Schnüffeln unterbrechen. Wenn Sie die Tageszeitung lesen, möchten Sie doch bestimmt auch nicht dauernd dabei gestört werden? Grundsätzlich sollte man den Hund möglichst aktiv in alle Erlebnisse mit einbeziehen.

Auch durch in den Alltag integrierte Gehorsamkeitsübungen wie z.B. das Absitzen lassen, bleiben Mensch und Hund in Kontakt. Die Bindung kann durch alle gemeinsamen, positiven Erlebnisse gefestigt werden. So tragen Spiele, wie auch abenteuerliche Spaziergänge und nicht zuletzt auch der intensive Körperkontakt zur Bindungsförderung erheblich bei.
Sie können beispielsweise Ihren Hund im Vorbeigehen sachte berühren, ganz so, wie er Sie oft unbemerkt berührt und wie es unter Hunden üblich ist, um das Zusammengehörigkeitsgefühl zu stärken. Kommt er zu Ihnen, so belohnen Sie Ihren Hund mit Streicheln.
Auch die im nächsten Kapitel genannten Tellington Touches eignen sich unter anderem sehr gut zur Bindungsförderung. Diese Handgriffe lassen zunächst an eine Massage erinnern, sind jedoch weitaus tief greifender in ihrer Wirkung. Ängstliche und/oder unsichere Hunde erhalten durch die Anwendung der Tellington Touches mehr Selbstvertrauen, hyperaktiven Hunden kann man zu mehr Ruhe verhelfen und Welpen können durch den Einsatz der TTouches in der Sozialisierungsphase unterstützt werden.

9. Tellington Touch - mehr als nur Entspannung für Hunde

Die verschiedenen Handgriffe, auch TTouches genannt, wurden einst von Linda Tellington-Jones entwickelt. Mithilfe von TTouch können sich Hunde in neue und ungewohnte Lebenssituationen besser einfügen. Scheue und verstörte Tierheimhunde leben sich in ihren neuen Familien sicherer ein, wenn sie mit TTouch behandelt werden und nicht zuletzt können Welpen durch die TTouches positiv sozialisiert werden.
Darüber hinaus verhilft TTouch älteren Hunden zu langer Gesundheit, das Immunsystem wird unterstützt und die Lebensqualität des Hundes verbessert.
Verletzungen können dank dieser Methode schneller heilen und Schmerzen und Unwohlsein können verringert werden. Viele Hunde haben ein gestörtes Körperbewusstsein, welches durch die TTouches wieder in Einklang gebracht werden kann. Sogar die Mensch-Hund-Beziehung kann durch diese weltweit bekannte Methode entscheidend verbessert werden.
Linda Tellington-Jones bezeichnet die TTouches als nonverbale Sprache. Das Ziel der TTouch-Körperarbeit ist es, die Funktion und Lebenskraft der Zellen des gesamten Körpers zu aktivieren. Viele der TTouches erinnern an Massagegriffe, dienen jedoch nicht allein der Lockerung der Muskulatur, sondern wirken sich vor allem positiv auf das Nervensystem aus.
Es hat sich herausgestellt, dass durch die sanften, kreisenden Bewegungen die Gehirnwellen verstärkt messbar werden, die für das Lernen verantwortlich sind. Darüber hinaus werden Hormone ausgeschüttet, die den Stress des Hundes in bestimmten Lebenssituationen verringern können.

Anwendungsgebiete der TTouches im Überblick

- Wiederherstellung des Vertrauens bei z.B. schlechten Erfahrungen und Misstrauen
- Förderung der Mensch-Hund-Bindung und damit auch zu einem besseren Gehorsam
- Abbau von Berührungsängsten
- Verbesserung von Konzentration, Lernfähigkeit und Leistung
- Verbesserung von Koordination und Balance
- Minderung bzw. Abbau von Hyperaktivität und Nervosität
- Abbau von Ängsten, Stress, Aggressionen
- Linderung bzw. Verbesserung von körperlichen Beschwerden wie Schmerzen im Bereich des Bewegungsapparats, Geburtsprobleme, Verdauungsstörungen, allgemeine Alterserscheinungen

10. Nachwort

Mir ist es ein großes Anliegen, die wunderbaren Fähigkeiten unserer Hunde öffentlich zu machen und ich wünsche mir, dass diesen Hunden die Anerkennung und der Respekt entgegengebracht werden, die sie sich zweifelsohne verdient haben. Aus diesem Grunde ist dieses Buch, welches ich bewusst unter Berücksichtigung meiner persönlichen Erfahrungen verfasst habe, entstanden.
Sollte der interessierte Hundebesitzer noch offene Fragen haben oder aber meine Hilfe und Unterstützung bei der Auswahl eines geeigneten Hundes oder der Schulung eines Hundes zum Diabetikerwarnhund in Anspruch nehmen wollen, so können diese Anfragen gerne jederzeit an meine im Impressum genannte E-Mail-Adresse gestellt werden.
In der Hoffnung, dem Leser ausreichende Informationen zum Thema „Diabetikerwarnhund" geliefert zu haben, wünsche ich Ihnen weiterhin viel Spaß und Freude mit Ihrem vierbeinigen Freund.

Der Hund ist der sechste Sinn des Menschen.
(Christian Friedrich Hebbel)

11. Literaturverzeichnis

Rupert Sheldrake
Dogs that know when their owners are coming home
Three Rivers Press, 1999

Erik Zimen
Der Hund
Goldmann-Verlag, 1992

Dorothèe Schneider
Die Welt in seinem Kopf
Animal Learn Verlag, 2005

Karen Pryor
Clicker - Positives Lernen für Hunde
Kynos-Verlag, 2002

Heidi Scherr und Marion Kawohl
Prima Partner
Books on Demand Verlag, Norderstedt

Linda Tellington-Jones
Tellington - Training für Hunde
Kosmos-Verlag, 1999

Anne Lill Kvam
Spurensuche
Animal learn Verlag, 2005

Heinz Weidt, Dina Berlowitz
Das Wesen des Hundes
Augustus-Verlag, 2001

William E. Campbell
Behavior problems of dogs
Dogwise-Verlag, 1999

12. Bildnachweis

Die im Buch enthaltenen Fotos wurden mir freundlicherweise für die Veröffentlichung meines Buches von passionierten Fotografinnen zur Verfügung gestellt, wofür ich mich an dieser Stelle noch einmal recht herzlich bedanken möchte.
Alle in diesem Buch enthaltenen Fotos unterliegen dem Copyright der jeweiligen Fotografin.

Titelfoto: Dingo © Copyright bei Silvia Felser.
Im Buch enthalten sind fünf Fotos von Merlin. © Copyright bei Jenny Strehle.
Des Weiteren sind neun Fotos im Buch enthalten, auf welchen Balu und verschiedene andere Hunde abgebildet sind.
© Copyright bei Nicole Müller. E-Mail: teambalu@gmx.de
Kalle ist auf der Tellington-Touch-Seite abgebildet. © Copyright bei M. Lipowsky.
Nicht unerwähnt lassen möchte ich an dieser Stelle natürlich auch noch die restlichen Fotos, die meine Diabetikerwarnhündin Sheila und meine in England verstorbenen Hündinnen Kessie, Lucy und Bizzley zeigen. © Copyright bei Michaela Saal.